為什麼事情明明很多卻不想做？

Stop Wasting Time

End Procrastination in 5 weeks with Proven Productivity Techniques

每天20分鐘克服拖延症
從此天天睡滿8小時
工作再多也能從容做完

美國時間管理教練
加蘭・庫爾森——著
Garland Coulson
譯——劉佳澐

目錄

*** 如何使用這本書 7

1 CHAPTER *** 是什麼在阻礙你？ 15

2 CHAPTER *** 第一週：逃避停止，實踐開始 41

訓練自己去意識到逃避和拖延的傾向，這永遠都是第一步。本章教你學習「正念」和「接納與承諾療法」接納不舒服的感受，沒有人能神奇地直接消除與工作相關的不適感，我們必須學會在不適的想法和感覺中前進。

3

CHAPTER

***

第二週：建立你的上部結構

79

那些比你更成功、更有效率的人，不一定是因為比你聰明或更有才華，而可能只是擁有一套更好的系統來推動進程。活用待辦清單、編排工作的優先順序，確保你能一個接一個完成眼前的首要任務，而不會在雜事上浪費時間。

4

CHAPTER

***

第三週：對付時間小偷

115

把一天想像成不得不花掉的二十四個金幣。小心地使用它們。本章會教你對付來自科技產品、目標模糊的工作、主管、社交、會議，以及最強的時間小偷——大腦的影響。並教你運用「分心筆記」、「煩惱筆記」來避免浪費無謂的時間。

5
CHAPTER
***
第四週：專心致志
149

一心多用並非我們的大腦天生會做的事。當你一心多用時，短暫的專注火力並不足以完成複雜的任務。設定專注計時器、一次只做一件事、將工作組塊化（chunk），再搭配冥想呼吸，將讓你的集中力瞬間提高。

6
CHAPTER
***
第五週：保持動力
181

你可能會因為缺乏進展而感到沮喪和懈怠，也可能因為無聊的任務或不熱衷的工作而不想振作。本章將教你如何持續自我激勵，並在計畫被打亂時從容應對。

7

CHAPTER

***

邁向成功之路

許多人一開始都很成功，卻很難維持下去。把這本書當成一份持續的指引，時不時就拿起來再次閱讀，用其中的技巧來重振自己。並利用本章提供的清單，來檢視自己是否都做到了。

如何使用這本書

為什麼要進行五週計畫？

說真的，這一定不是你讀過第一本有關效率或拖延症的書。沒關係，我可不會因為沒有成為你的「第一個」就感到生氣。其實每個人都想學習提高效率的方法，就連成功人士也一樣。

你可能讀過許多本類似的書，裡面也有不少很棒的想法，但這些想法卻從來沒有像你所期望的那樣，為你帶來你生產力的突破。這就是我為什麼要開發「五週計畫」，讓你可以實際執行並堅持下去，而不是寫出另一本無效的書，放在你的書架上積灰塵。這本書談論的不只是你**可能**如何改進，還會提供你清晰、循序漸進的方法，幫助你**停止浪費時間**。

那麼，我為什麼要寫拖延症，你又為什麼要接受我的建議呢？我目前是一名時間管理教練，但我並非一直是這個領域的專家。我的時間管理旅程開始於二十歲出頭的年紀，當時我在忙碌的銀行產業上班，是個年輕有幹勁的低階經理，還算稱職，工作也很認真，但時間管理的技巧卻不怎麼樣。雖然沒有差到讓我無法如期完成工作，卻也沒辦法充分利用時間，導致我很難有所突破。

直到某一年聖誕節，我主管送了我一本可愛的紅皮日誌本當禮物。當我將內頁一一組裝進活頁本中，便被那美妙又優雅的時間規劃系統震撼了。其中的日記頁面上，不僅印有時間表，還有空間能記下預計撥打的電話、可能的開支和待辦任務。甚至，還有一整個區塊是專門用來寫上目標、客戶及會議紀錄等內容。這份簡單的日誌中，包含著如此令人驚訝的細膩規劃，讓我的思維進入了一個全新層次，我不禁開始思考自己平時是如何工作，又是如何安排時間。

從那一刻起，我就著迷了。我開始全心投入學習時間管理，狼吞虎咽地閱讀關於這主題的每一本書、每一篇文章，甚至加入訓練課程。每天上下班的路途中，我還會在車上聆聽有關時間管理的語音教學。我也開始幫助我的同事學習規劃，向他們示範如何更有效地利用時間。

隨著我越來越了解這個主題，我的同事們紛紛開始向我尋求建議，最後，我終於也學到了許多其他「大師」都明白的道理，那就是：只有在教學的過程中，你才能真正理解一件事物。教學必須先拆解主題，將它提煉為最純粹、最有力的形式，這樣才能幫助別人清楚了解並有效地掌握它。我發現，當我開始教別人管理時間，我也能更快速地將時間管理原則融入我的生活之中。沒多久後，我為公司開辦內部培訓課程，最後還開始了自己的事業，專門教授時間管理。現在，我每年都要在數千人面前演講、培訓無數學生，我可以很自豪地說：我的學生和客戶們都很喜歡我，他們稱我為「時間隊長」。

這本書中的技巧和策略，並不是一些我自行編造的冠冕堂皇之辭，而是來自最新的正念練習與心理學思維。本書推薦的所有方法，都經過研究人員的測試，也已經證明了有效。此外，我也在學生和客戶們自願的情況下，測試和證明了這些技巧的效果。許多人因此有所收穫，而他們的經驗也同樣幫助了我，讓我得以去完善這些技巧。

你可以把這個「五週計畫」想像成專屬於你的時間管理ＧＰＳ導航系統，你準備前往的目的地，就是毫無拖延的生活，而我則負責慢慢引導你朝著這個目標的方向前進。這需要我們兩個互相合作。如果你沒有投入其中，五週計畫也不會就這樣神奇地「治癒」你。但這項計畫的美妙之處，是它沒有太多費解的細節，我會直接告訴你該做什麼、何時該做，你只需要挪出時間來執行這個計畫就可以了。

如果想實現目標，你每天大約需要花二十分鐘來完成計畫中的練習和步驟。聽起來可能有點耗時，但這些時間主要是用在制定待辦事項清單，還有建立你的日常行程，也就是你本來就需要做的工作。這個每日練習一定會有所回報，只要你擁有新的生產力策略，並將它們變成例行事項的一部分，它每天絕對能為你節省二十分鐘以上的時間。

完成這個五週計畫之後，你將會：

- 明白自己為什麼拖延。
- 學會停止拖延的技巧。
- 在你的**行程表**上建立「**上部結構**」，確保所有的任務都完成了。
- 學會將注意力集中在所需之處，取得最大成效。
- 實施一項自我激勵的計畫。

為一輩子的實踐打下基礎。

這項計畫其中一個重要的特點就是，它可以根據你的具體需求進行規劃。我多年的教練經驗讓我明白，沒有任何一種技術或工具對**所有人**都有效。相反地，我必須去了解每個學生面臨的挑戰和他們的做法，再依此制定出能夠幫助他們的方式。你也可以運用這份五週計畫，來訓練自己提高生產力。完成這些步驟之後，你將能夠辨別及運用出對你自己最有效的技巧，藉此達成你的目標。

在這本書中，我也會提到一些你可以用來規劃的工具和應用程式，它們是我寫這本書時最喜歡的生產力工具。當然，工具不斷推陳出新，我的喜好也可能隨之改變。你可以前往我的「CaptainTime.com」網站，到「工具」頁面上找尋我用的最新生產力工具，或也可以直接寄電子郵件給我：garland@captaintime.com。

實施五週計畫

在開始這個計畫之前，我希望你先去找一本橫線小筆記本來使用。我們把它取名為「停止浪費時間」筆記本。假如你原本就已經有一本日誌，也可以放在手邊備著，但我們大部份的練習還是會在小筆記本上完成。一般書局買的簡單本子就夠用了，但如果你想挑選帶有裝飾或皮革的筆記本，當然也沒問題。別拖延，現在馬上就去找或買筆記本吧。這是最簡單的第一步驟，但筆記本將會是整個計畫中的重要工具。

除了筆記本之外，你還需要每天預留二十分鐘來做書中的練習和規劃。要下定決心投資自己，讓這二十分鐘成為一種儀式！不要讓**任何人**、**任何事**佔用這二十分鐘的計畫時間。在你的日曆上把這個區間框起來，用螢光色的筆來突顯它，還要讓你的朋友和家人知道，這二十分鐘只屬於你自己。全心投入這二十分鐘，這將是你通往成功最重要的一步。

五週計畫一點也不拖泥帶水，它是為達到最大效率所設計的。只要你保持專注，每天堅持不懈地實行，最後，你就會擁有所需的心理素質與組織技巧來打破拖延習慣。對你而言，這表示什麼呢？這表示你將變得更有組織能力、壓力也變小了，在工作和個人生活上也能取得更多成功。

1

是什麼在阻礙你？

我們為什麼拖延？

在五週計畫中，我將幫你找到拖延症的根源，並教給你一套強大又有效的策略，用來解決引發拖延症的潛在問題，而不只是用些勵志動聽的台詞來掩蓋你的症狀。

你之所以會拿起這本書，一定是因為你正處於人生的某個階段，你意識到拖延症正帶給你嚴重的問題。也許你錯過了截止期限，因而備感壓力，甚至危及了你的工作。你也可能正感到十分沮喪，因為你無法在職涯或個人目標上取得實質的進展。又或是，你拖著不處理某件家務事，而這件事正在破壞你的家庭關係，甚至是財務平衡。

無論你拖延的原因是什麼，拖延症的確會嚴重影響我們的職涯和家庭。那麼，為什麼我們明知拖延會帶來許多問題，卻還是會拖延呢？為什麼我們總是寧可不斷付出代價，也要一直拖下去？我指導學生們克服拖延症時，總是會從「為什麼」開始。你**為什麼**拖延？大多數情況下，我們根本不是因為時間不夠用才遲交，而是因為我們在安排時間時選擇失當，導致我們遲遲不去完成我們不想做的事。

因此，如果想要打破拖延的習慣，就要明白為什麼你會選擇專注於其他事情，而不是你真正需要完成的任務。換句話說，你要了解繼續拖延讓你嘗到了什麼甜頭。你從中得到了什麼？拖延症的壞處當然顯而易見，但它的好處是什麼呢？

如果你想要解決拖延問題，卻不先去理解自己為什麼拖延，這就好像是你打算解決屋頂漏水，卻只是在地板上放一個桶子來接雨水。沒錯，短時間來說，你的確阻止了雨水侵蝕你的愛車，但除非你找出屋頂漏水的**原因**，並去解決問題的根源，否則下一場大暴雨來臨時，屋頂還是一樣會漏水。要去解決問題的根本，也就是屋頂上的破洞，而不是只處理症狀，也就是地板上的水，這樣才能永遠根除真正的問題。拖延症也是如此，唯有弄清拖延的原因，才能解決問題的根本。

一般來說，拖延是為了逃避某種不愉快的內在經歷，也就是某種想法或情緒，這些內在經歷多半是由眼前的任務觸發的。舉個常見的例子，假設你必須在工作場合或學校裡上台報告，而報告主題又是你熟悉的內容。其實準備工作也沒什麼大不了的，畢竟你對內容非常了解。然而，日子一天天過去，你發現自己一直在拖延準備工作，直到被逼入絕境，隔天就要上台了，你卻連素材都還沒有整理。

照理說準備工作並不困難，那麼你為什麼還要拖延呢？很有可能是因為，拖延讓你得以不必去思考觀眾的反應或評價，你因而感到比較放鬆。而你成天拖延著沒有去準備演講，就是在逃避這種情況帶給你的焦慮感受。

下面還有一些其他的例子，這些任務和所引發的負面情緒，都可能會導致人們想要逃避，進而導致拖延症發生。

乏味或無趣的任務：這些任務可能會帶來厭煩或興趣缺缺的感覺，比如說，上班族可能會覺得報帳很無聊，因而被其他更有趣的任務吸引。

結束日期不明確的長期任務：完成短期又明確的任務，能讓我們立即產生滿足感，但長期又困難的任務，則會帶來挫折和不確定感。

無法勝任的任務：做熟悉的事情遠比學習一項新技能更讓人感到自在，因為新事物往往會帶來不確定感，並且需要付出很多努力才能完成。

不愉快的任務：做一些感覺不愉快的事，總會讓我們感到不滿和沮喪。比如，我曾經受某位客戶請託，不得不為他們的產品撰寫一份我沒有任何共鳴的商業計畫案，導致整個任務變得困難又不愉快。但最後我制定了一個策略，讓自己就算心理不適也能停止逃避任務，最後，我甚至提前了兩週完成這份商業計畫。

與衝突有關的任務：衝突絕對是最讓人身心俱疲的情況。因此，我們自然而然地會想要拖延，希望麻煩自行解除。但這種處理方式絕非長久之計，而從短期來看，這可能反而會導致更多問題。

由不喜歡的人或雇主所指派的任務：當我們對主管、同事或整個工作場所都感到憤怒不滿時，就很難有效率地執行工作。憤怒會干擾做事的動力，還會使人對工作漠不關心。

令人不知所措的任務：可能你眼前的任務太困難了，若想完成必須包辦很多事。例如，你有一大堆家事要做，要吸地、拖地、除塵、清理冰箱、洗床單等等，看起來實在太多了，一想到這份量你就不知所措。

我大多數的學生，在他們人生中的諸多領域都十分成功。他們才華洋溢、具有創造力，又十分勤勞努力，但同時，他們也都在與拖延症搏鬥，因此才需要尋求我的幫助。為什麼聰明、勤勞的人還會有拖延症呢？更何況，拖延這個問題看似簡單，本該很容易解決才是？人們之所以逃避，通常是因為某種情緒或心理反應，阻止他們發揮全部潛力。

情緒反應一旦在心中蔓延開來，便很快會開始破壞你的工作、個人目標和人際關係。而且，就如同陷入激烈爭吵的時候，由於我們處於對抗情緒之中，邏輯基本上起不了什麼作用。在工作上，我們總被告知要保持務實和專業，所以我們通常會壓抑並忽略自己的情緒。但其實就算是在家裡，當我們必須做些打掃車庫、修理屋頂漏水等雜務，也都還是會產生情緒，進而影響效率。

現在，就讓我們來快速瀏覽一下常見的拖延症類型，好讓你找出哪一種描述與你最為相符。

你是哪一種類型的拖延症患者？

在二十多年的時間管理教學中，我發現大多數拖延症患者都屬於以下幾個基本類型。只要了解自己的情況最符合以下哪一類，就可以找出最能幫助你解決拖延症的技巧。

下面是各種基本拖延症類型的概述。在人生的各個階段，我們都可能會患上不止一種類別的拖延症，但請先試著找出讓你最有共鳴的類型，其中描述了你目前拖延的原因。

憂慮者

”我不斷想著截止時間，想像可能會出問題，於是我的進度就落後了。“

憂慮者會去關注可能出差錯的事，並擔心他們無法按時完成工作，或無法把事情做好。他們會花費大量心力在這些想像的問題上，導致他們無力去完成任務。

憂慮者認為他們做事很努力，因為他們花許多精力在思考工作。然而，他們卻沒發現，這些花在思考上的時間，並不會讓他們更快速地完成任務。事實上，這反而會讓情況變得更糟，因為思慮會使他們裹足不前，最終造成負面的結局，也就是任務無法如期完成。總之，憂慮者正是因為太過專注於思考，卻沒有著重在任務本身，才會引發可怕的後果。

你是憂慮者嗎？問問自己以下問題：

- 我是不是花了很多時間在思考眼前的任務，最後才終於就定位開始工作？
- 我晚上失眠，是不是因為心中一直記掛著待辦事項？
- 我是否還沒著手進行工作，就已經感到筋疲力盡？

若其中一個或多個問題的答案都是肯定的，那麼你就可能是一位憂慮者。在五週計畫中，你將學會如何運用你的焦慮，將它轉化為專注於任務的力量，讓你能夠完成更多工作。

完美主義者

> 我花好多時間修改和抓錯，導致我遲遲沒有完工。

完美主義者希望每項工作都很「完美」，於是耗費許多時間不斷修改內容，或努力想讓它變得更好，也正因如此，他們永遠無法放下任何細節。於是，某個案子或某個目標可能會佔據他們所有的時間，使得其他更為重要的案子和任務因而遲遲無法完成，畢竟他們在第一個案子或目標上，就已經花了太多時間。

完美主義者也會因為害怕無法完美執行任務而停滯不前。他們會不斷瞎忙、過度規劃，試圖釐清所有未知的變數，做些不必要的修改。但我們畢竟不可能知道每一件事，也不可能掌握每一個變化，世界更永遠不可能是完美的，完美主義者的做事方法，反而使他們一直處在事情做不完的迴圈之中。

你是完美主義者嗎？問問自己以下問題：

- 執行一項任務時，我是否執著於做出完美的成果，於是一次又一次地檢查，好確保沒有出錯？
- 我是否只喜歡做自己擅長的事？
- 就連具有建設性的批評，聽在我耳裡也像是一種攻擊嗎？

若其中一個或多個問題的答案都是肯定的，那麼你就可能是一位完美主義者。在五週計畫中，你將學會以可接受的標準來完成各項任務，而不會過度專注於其中一個細節，更不會因而忘記其他重要的事情。

濫好人

”我每件事都答應幫忙，最後根本沒時間完成自己的工作！“

濫好人總想幫忙別人！因此，只要有人提出請求，他們全都一口答應，卻沒有去評估這些外務會如何影響自己原本的排程。等到他們承擔了越來越多的工作，或包辦了他人的請託時，自己的任務卻被擱置了。他們身上的負擔變得過重，卻似乎還是無法拒絕別人。

在工作上，當濫好人要處理太多雜務，主要職責就開始受到影響，這些職責是老闆一開始雇用他們的目的，也是他們需要接受績效考核的範疇，正因如此，他們的工作表現和職涯都開始陷入危機。至於在私生活中，濫好人也經常會發現，一天結束之後，他們往往會感到筋疲力盡，沒辦法再去完成他們個人想做，或者是需要去做的事。

你是濫好人嗎？問問自己以下問題：

- 我是否總是第一個自願幫忙，或願意承擔更多工作？
- 當有人請我幫忙，或要我去參加一個我其實並不喜歡的活動時，我總是感到很難拒絕嗎？
- 我一整週工作的時數，是否已經超過薪資給付的範圍？

若其中一個或多個問題的答案都是肯定的，那麼你就可能是個濫好人。在五週計畫中，你將學會如何正確評估事情的優先順序，並安排你行程上的各項工作，如此一來，你就不會陷入濫好人的陷阱，負擔超出你能力範圍的過量工作。

瞎忙族

”我總在各個工作項目之間團團轉，整天都很忙碌，卻什麼也沒完成。“

瞎忙族總在許多任務之間團團轉，感覺很忙，卻很少完成任何一項需要長期投入的工作，也經常很容易就感到無聊或挫折。他們一次可以做很多件事，身兼許多小雜務，但始終無法真正承擔起更大的任務，這些大型工作通常都需要更加專注與更持續地投入才能完成。

瞎忙族也經常會受到那些速成的小任務吸引，因為那會帶給他們即時的滿足感。但這種做事方法也為他們帶來問題，每當更大的專案和工作截止期限將至，他們的進度卻還是停滯不前。

你是瞎忙族嗎？問問自己以下問題：

- 我每天都做好多件事，卻從來沒有完成更大或更重要的工作？
- 在會議中，我是否很難傾聽或者好好坐著？
- 我是否經常投入新的嗜好，但也很快就會放棄，或者，在一件新的事情尚未完成之前，我很快又跳到下一個任務？

若其中一個或多個問題的答案都是肯定的，那麼你就可能是一位瞎忙者。在五週計畫中，你將學會避免一次做太多件事，並提高專注力，以完成更深入、更有意義的工作。

隱性拖延症患者

> 我總能按時完成任務，但在那之前，我總是遲遲沒有動工，導致最後關頭時，必須耗盡心力才能完成。

大多數人都不會注意到隱性拖延症患者，畢竟他們並沒有錯過任何截止時間。然而，他們之所以能在死線前完成任務，唯一原因就是：他們在最後關頭付出巨大的努力來趕工。隱性拖延症患者會讓自己身處壓力之中，並在最後一刻以燃燒自我的英雄之姿來完成工作，交出來的東西品質也較為低落。

隱性拖延症患者想要證明這種工作方法沒有問題，還會聲稱「我在壓力下才能把工作做到最好」，但事實並非如此。他們無法交出最好的成品，反而是些倉促拼湊出來的結果，是由於截止時間將至，他們才迫使自己在最後一刻完工。這樣的成品通常品質較低，如果他們讓自己有充分時間工作的話，或許不會如此。

隱性拖延症患者總在最後一刻才動工，他們也因此失去了與同事或家庭成員討論問題的機會，沒辦法一起研究出更好的做法，或找出替代方案。當我們有時間好好解決問題時，我們的潛意識會像一個細火慢燉的鍋爐一般，最終「烹煮」出一個你意想不到的方案。

你是隱性拖延症患者嗎？問問自己以下問題：

- 我喜歡在壓力下工作嗎？
- 就連演唱會門票或旅遊訂房這種需要搶購的東西，我是否也總在最後一秒才下訂？
- 我是否直到最後一刻才動工，導致我必須熬夜工作，好趕上截止期限？

若其中一個或多個問題的答案都是肯定的，那麼你就可能是一位隱性拖延症患者。在五週計畫中，你將學會如何在截止時間之前好好進行工作，甚至還有時間修改、研究和思考，這將能提高你最後交出的成品品質，並消除最後一刻趕工所帶來的高壓。

找出你的拖延模式

現在你已經大致了解自己是屬於哪一種類型的拖延症患者，接下來，可以花些時間進行以下幾項快速的自我評估，這將幫助你辨識出自己的拖延模式。比如，你在逃避哪一類任務？當你面對這些任務時，又會產生什麼樣的情緒？這些資訊都有助於你在工作過程中，制訂出相應的策略。

自我評估：任務類型

在「停止浪費時間」筆記本中翻開新的一頁，並寫上「我拖延的任務」做為標題。在紙上畫三條直線，將這一頁分成四欄，每一欄的頂端分別寫上「任務」、「拖延程度」、「壓力指數」和「類別」（請參考第34至35頁的範例）。你也可以使用任何文書處理軟體，並建好簡單的分頁或表格，但要記得列印出來，並夾在你的筆記本裡，如此一來，你所有的筆記才能集中在同一個地方。

先研究你的待辦清單，然後再開始填這張表格，有沒有哪些任務已經在你的待辦清單上擱置很久了？如果你沒有待辦清單，可以列出一天中必須執行的各項任務。

請在第一欄寫下你擱置的任務。第二欄中，依據任務帶給你的壓力填上分數，分數從1分到5分不等，1分表示壓力較小或沒有壓力，5分則表示壓力很大。在第三欄中，也一樣使用1到5分來為你拖延任務的程度打分數。最後在第四欄中，寫上任務的類別，可以參考以下分類，或也可以填上你自己認為適合的類別：

- 艱難
- 簡單
- 工程浩大
- 截止時間不明
- 開放式

- 團體工作
- 獨力完成
- 細節較多
- 無法勝任
- 他人指派

任務	壓力等級	拖延程度	類別
回覆電子郵件	1	1	細節較多
打電話給發怒的客戶	4	3	艱難
撰寫行銷企劃	2	5	開放式
新產品開發討論	2	5	開放式
吸地	1	1	簡單

油漆	2	5	工程浩大
與家人討論嚴肅的私人問題	4	4	艱難

這樣的評估是一種自我診斷工具，可以幫助你發現自己拖延的傾向。也許你在獨力完成的任務上可以做得很好，但在團隊合作中卻感到吃力。或者，只要給你一個明確的交期，你便能做得很棒，但每當任務是開放式的，或者沒有提供你明確的截止時間，你就會不知道如何進行。你必須先了解哪種類型的任務會造成你的困擾，這樣便能想出最好的策略來處理它們，以防止接下來發生拖延的情況。

在以上的例子中，這個人並不會耽擱回覆電子郵件。反而是在做些有壓力、有挑戰性的事情時，才會稍微發生拖延的情況，像是要打電話給火大的客戶，或要與家人討論嚴肅的私人問題。而當眼前出現一個龐大、開放式的工作時，例如寫一份行銷企劃案、進行一個團隊合作任務，又或者是預計要油漆整個室內，這些時候他的拖延程度最高。有的人可能對開放式工作沒有障礙，但卻容易推遲與衝突有關的任務，像是要打電話給生氣的客戶。

了解自己拖延的任務類型，你便能制定出行動計畫來停止拖延。思考每一項任務時，你也可以試著釐清自己的感受，這樣能讓你的行動計畫更加有效。

自我評估：對任務的感受

將你的「停止浪費時間」筆記本再翻到新的一頁，並寫上「感受」做為標題。當你逃避某項任務，或者慢吞吞地朝著目標前進的時候，你就要在這一頁記下你察覺到的所有感受。可以先參考上一份自我評估表格中，你所整理出的那些任務清單。意識到自己的感受，並了解自己為什麼會逃避它們，這將會成為一種非常有力的認知，有助於停止浪費時間，並讓你把事情做好。

你可以參考以下列表，並寫上所有你感受到的情緒，無論下表中是否有列舉出來。另外，如果你知道自己為什麼會有這種感覺，也可以一併寫上去。比如說，「我躊躇不前是因為我害怕他人對我的看法」，或者是「我焦慮是因為我覺得自己可能達不到目標」，又或是「我生氣是因為我不得不做這些事」。

你可以盡可能多寫一些，好確定自身的感受以及這些情緒可能的成因。

害怕／恐懼／驚慌／擔憂	被激怒／惱火／煩躁
矛盾／抽離／無感	生氣／苦澀
焦慮	尷尬
困惑／不確定	失望／沮喪
懷疑／不安	挫折／惱怒
無助／無力感	遲疑
絕望	沒安全感／自我陷溺
緊張	全神貫注
悲傷	不自在

準備好了嗎？

在接下來的五週內，你會更加熟悉自己拖延的原因，並設下目標來完成自己一直逃避的任務，以及嘗試所有書中提供的練習和策略。一路上我都會陪在你身邊。最後，當你完成了整個五週計畫，你可以持續應用最適合你的策略，讓它們成為你生活的一部份。

本章總結

你已經知道：

- 拖延症有各種不同的類型和模式。
- 拖延症發生的主因多半是想要逃避不舒服的情緒或想法。
- 自我診斷工具能幫助你更加理解自己為何拖延。

你已經學會：

- 辨別自己的拖延風格和模式。
- 找出帶給你極大壓力的任務，這些壓力造成了你的拖延。
- 分辨那些會讓你想逃避任務的感受。

2

第一週

逃避停止，實踐開始

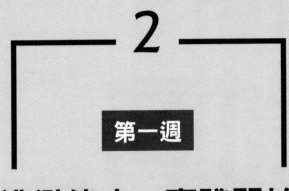

你在逃避什麼？

我們無法停止拖延的一個原因是：我們很難判斷自己究竟什麼時候在拖延。它已經成了一種習慣，導致我們時常根本沒有注意到自己正在這麼做。明明每天都十分忙碌，但不知為何，卻一直沒有完成真正重要的任務，或實現遠程目標。那麼，假如你不知道自己是否**正在**拖延，或者**為什麼**耽擱了，又該如何停止呢？這就是「正念」發揮作用的時候了。

簡單來說，正念是覺察自身當下的狀態。雖然正念源自於佛教，但目前已經成為西方一種主流的實踐之道，並且，由於這種做法對身心健康十分有益，它也受到廣泛研究，並已證明極具效果。正念很容易練習，但同時也是一種較難培養的技巧。因為無論我們有沒有刻意去覺察，大部份的人多數時候都不會真正去關注當下。相反地，我們只是一直重複過去的錯誤，或不斷盼望未來，繼續做著白日夢、進行各種計畫，或是焦慮地等待事情發生。這種模式不斷重複，也難怪我們往往無法覺察到習慣性拖延這種細微之事。

訓練自己去意識到逃避和拖延的傾向，這樣你便能辨別出自己何時在拖延，若要終結拖延習慣，這永遠都是第一步。你可以透過聚焦當下來培養正念，也就是去關注此時此刻正在發生的事情。你必須清除腦中凌亂的思緒和擔憂，這些念頭通常會使腦袋變得十分混亂。雖然實際執行比聽起來難上許多，但只要你依照本章的步驟去做，就能更有效地意識到當下正在發生的事。讓我們從一些基本方法開始，這些方法能讓你一整天都更加關注你的目標。

覺察

要如何更加關注並意識到自己何時在拖延，又為什麼拖延呢？我鼓勵學生們依照以下步驟練習，這些都是我自己的方法，讓我能朝著重要的個人、工作及職涯目標前進。這些步驟並不需要一次做完，而是一種持續的練習，使你漸漸變得更加留意特定時刻、或任何一天中發生在你身上的事情。

1. 確立你想達成的結果

每當展開新的一天或一項新工作，我會先去了解自己想要達到什麼樣的結果。這會需要一些思考和決策。接著，我會設定一個漸進式的計畫來達成結果。運用這種方法，我的工作便**不再只是一味地做事**而已，每一項任務都變成了我所邁出的一步，朝向我想實現的重要結果和目標前進。

我把各個執行細節和實際的目標連結在一起，這讓我能夠保持完成任務的動力。由於我知道自己正在做的細節十分重要，也更加能夠意識到自己何時正在逃避任務。這個方法也適用於你想要實現的個人目標，比如說，你想學習一種新語言，好讓你可以去某個國家旅行。學習這門語言的過程十分辛苦，但卻與你出國旅遊的夢想息息相關，因為你非常希望能夠與當地居民交談。因此，認知到自己所期望的結果，能幫助我們駕馭辛苦的工作過程，並期望著完成工作後會有所收穫。

在一整天之中，我都會一直這樣留意自己正在做的事情，看看它是否能讓我達到想要的結果。這樣做是為了要不時自我檢查，確保我有朝自己確立的目標努力前進，這樣便能更加專注，**還會**充滿動力。

2. 為你的時間負起責任

你是否留意過自己是如何運用時間的？你是否覺得時間不夠用？在我的時間管理諮詢過程中，常會聽到學生說「我的時間不夠」。我雖然能同理這種情緒，但這其實無濟於事，無法改善你對時程表的觀念，也無法改變你運用它的方法。因為當我們說「我沒時間」的時候，我們已經在自己心中創造出一種信念，認為時間是一種我們無法控制的東西。

但如果放棄對時間的掌控權，或讓自己就這麼庸庸碌碌下去，你就等於失去了一個提高生產力的有效選擇。你其實比自己想像中更能控制時間，就算你是在為別人工作。我的學生經常發現，從我這裡學到的省時技巧讓他們的生產力提高了兩到三倍，因為他們對自己所花的時間負起責任。你將在接下來的章節中學到這些技巧，但現在，請先問問自己：**我目前是怎麼選擇運用時間的？**

時間不夠用，通常就是因為沒有控制好時間選擇。你可以控制自己的時間，只要記得這一點，就能幫助你在分配時間時，做出更好的選擇。我總把以下這句話當成我的時間管理咒語，更鼓勵我的學生們也用它來幫助自己重新構建與時間的關係，這句話就是：「我的時間，我的選擇。」你可以時時對自己重複這句話，尤其是你的排程表滿得令你感到四面受敵的時候，提醒自己：你可以控制自己的時間，你才是決定如何運用時間的人。

3. 制定計畫

我們通常只會在早上一味地列出待辦事項清單，卻沒有充分意識到，其實我們更該好好計劃如何高效地完成這些事項。為了讓自己更加理解如何度過一整天，我總會對清單上的任務提出一系列問題，這樣就能好好去計劃如何有效完成每一項任務。面對每項工作，我都會問自己以下問題：

- 我可以放棄這個任務嗎？
- 這項任務可以在電腦上完成嗎？
- 這項任務是否該由別人來執行？
- 這是我目前工作中最優先的事項嗎？

- 我需要哪些工具、資源或幫助來完成這項任務？

這些問題可以幫助你先刪除一些工作，或者交給電腦，甚至委外完成，並確保你可以先去處理最優先的任務。比如說，你真的需要在今天購買日用品嗎？如果不用，就把這項工作刪掉。或是，你是否能直接在網路上訂貨，並讓物流直接送來？你也許可以試一試。

這些問題也能幫助你提早收集所需的素材，以確保自己儘快完成任務。比方說，假如你需要向同事詢問一些資訊，就可以在工作開始之前先發問，這樣你就不會因為要等待回應，而給自己拖延的藉口了。這個方法也適用於個人生活中的目標。假設你想減肥，你需要的工具和資源可能包括飲食計畫，以及特定類型的食物。你可以在開始減肥之前就先購買齊全，到時就沒有理由推遲。

4. 冥想

許多人發現，定期練習冥想能幫助他們保持平靜、提高覺察能力，並激勵自己在日常生活中變得更有效率。也有許多研究顯示，冥想能幫助人們提升注意力與人際關係。早晨挪出一些時間來冥想，讓你在新的一天展開之際，感到更加踏實與放鬆。如果你感到心煩意亂，也可以花個幾分鐘來冥想，這能幫助你重新開始，並將注意力拉回當下。

要是你從未練習過冥想，我建議你去參加冥想課程，或上網看影片來學習一些基礎知識。冥想有很多種類型，你要找出最適合你的方法。目前，你可以先從以下的方法開始，這是一個簡單的十分鐘觀想練習：

1. 設定一個帶有柔和音調的計時器，設定時程為十分鐘。
2. 舒適地坐下來，不一定要盤腿。
3. 慢慢深呼吸個幾分鐘，直到感覺自己的呼吸平穩而舒適。
4. 閉上眼睛，繼續自然地呼吸。
5. 想像一幅你希望身處的迷人自然環境，慢慢在腦海中描繪出整個畫面。那裡有沒有水、沙灘或草原？天空是什麼樣子呢？你還看到了哪些自然景物，像是岩石，或者樹木？你可以不斷為這幅心靈圖像增添細節。

6. 每當你發覺自己的思緒游離到別的事物上，就開始替這幅圖像增加細節，讓你的心回到正在創造的畫面上。

7. 計時結束後，慢慢睜開眼睛，並在起身之前，花點時間調整至甦醒狀態。

第一次練習冥想時，你可能會覺得思緒很難完全靜止，但要堅持下去。你正在訓練自己的大腦更加注意當下，這會幫助你面對工作時的阻礙，還有許多其他好處。如果每天持續練習，你的思緒就會減少遊蕩，整體來說也會增加更多覺察能力。有關冥想的更多益處，請參考第51頁的「心靈記錄」。

冥想的替代方案

如果你已經練習冥想一段時間了，卻還是沒有進展，也可以嘗試看看其他的「淨心」方法，它們都有類似的好處。以下是我自己和許多人都認為有用的方式，可以達到類似冥想與平靜的效果：

- 走進大自然
- 打掃
- 著色
- 跳舞
- 素描、繪畫和其他藝術活動

- 運動
- 園藝
- 編織、縫補或鉤針
- 散步或健行
- 削製和雕刻

因此，如果你就是沒辦法好好坐定、調整自己，並感受到平靜，那麼就試著做一些其他活動，同樣也能讓你獲得清淨的感受。但是我依然鼓勵你給冥想一個機會，看看這種練習能否成為你日常生活中最喜愛的一部份。

心靈記錄

正如前面所說，冥想時，你的思緒可能會不斷遊蕩。但幸好，練習過程中，你可以把這些跳出來的想法當成冥想練習的一部份，只要將它們「記錄下來」就好。這並不算在我們的筆記計畫之內，畢竟後面還會有很多東西要記錄。相反地，這只是一個認知練習，你可以將這些想法用一個簡單的單詞記下來，就像一張標籤一樣，承認這些想法的存在，但不要帶有任何批判或產生情緒反應，否則就會將我們帶離當下。

這些標籤可能是成天在你的腦海裡縈繞不去的思緒。不必思考要用什麼詞彙，它們不需要是多完美的形容詞。當你發現有個想法跳出來時，你可以簡單寫上「想法」就好。在你持續記錄的過程中，就會慢慢開始發現哪些詞彙更合適，這無論對於表達或心中的思考，都會有所幫助。眼下，你只要選擇一個看起來最適合的詞，不要在措辭上投注過多精力。

在冥想期間，這個方法就如同給予思緒一個權限，讓它可以自由自在地漫遊著，滿足了你思考的需要，又不會擾亂你的冥想，能使你在過程中專注於當下，並感到踏實。比如說，如果有個使你焦慮的想法忽然跳出來，就為它貼上「焦慮」的標籤，並認可它，使你的思緒獲得釋放。你可能必須重複這個標籤好幾次，一直到想法自然消失為止。千萬別去想**「噢，那讓我好焦慮」**、**「好**

討厭這種感覺」、**「我不該這麼想」**等等。這些都是一種批判，只要記下「焦慮」，然後繼續你的冥想就好。

這個記錄練習的目的，不是要去處理你的思緒或讓它們消失，而是幫助你更加意識到自身的想法，以及它們帶來了什麼樣的情緒。在上一個章節中，你開始學會辨別與拖延症相關的感受，這個記錄練習則能提升你對自身感受的覺察。假設你眼前有一項不愉快的任務，每當你一想到它，就會感受到「抗拒」。經過心靈記錄練習之後，你就知道自己必須要先克服哪些感受，才能去完成任務。

現在我解釋完冥想時的心靈記錄練習，你也可以將這個方法當成平日的正念練習。比如當你坐在辦公桌前處理一項繁瑣的任務，你的思緒開始轉向那些導致你不想工作的原因，使你無法專注於手頭任務。這時，你就為它們貼上「無聊」的標籤，讓你的思緒放鬆下來，重新回去完成工作。你想必很討厭無聊的感覺，也不想感受到不愉快的情緒，誰不是如此呢？下一個小節將會對你有所幫助。

坦然面對不適

理解自己為何拖延的關鍵之一，就是要去了解自己究竟從中得到了什麼。現在的你可能在想：**拖延怎麼可能讓我獲得任何東西？它只會造成我的麻煩**。但是如果你沒有從中獲得什麼，你就不會一直這樣做了，畢竟它也確實讓你付出了很大的代價。

如果要理解這些讓我們陷入拖延迴圈的情緒波動，就要先明白，這些情緒其實都是一種逃避的手段。換句話說，拖延讓我們得以暫時避免某些不舒服的內在感受，像是焦慮、恐懼或無聊。在第一章中，你已經辨識出其中一些感覺，但你是否也已經準備好去**感受**它們了？我們當然也可以長期逃避這些不舒服的情緒，讓這些逃避行為繼續荼毒我們的生活和想法，但這並不是解決之道。我們應該要讓自己願意去經歷這些不適，才能克服它們，並到達另外一種層次。

當我們把拖延理解為一種逃避手段，就會知道如何找出相應的解決方案。

心理學家多年來一直在研究情緒迴避的問題，其中有一種治療理論名為「接納與承諾療法」（Acceptance and Commitment Therapy, ACT）。這種方法教我們接納不舒服的感受，使這些感受不會拖垮我們，或阻礙我們朝著更重要的目標前進。接下來我們會一起進行應用ACT原理的練習。但是首先，讓我們來看以下的例子。這是一位前拖延症患者，就叫她蕾娜塔吧，來看看ACT如何在她的生活中發揮作用。

蕾娜塔必須在她的老闆和幾位高階主管面前，報告她之前某一項非常成功的提案。她有一週的時間準備這次的簡報，而她也不該有什麼理由推遲準備工作，畢竟這個會議正是她的表現機會。然而，她卻一直拖延到最後關頭，而這已經不是她第一次拖延了。為什麼蕾娜塔要替自己找麻煩呢？這本該可以避免的。

後來，蕾娜塔終於決定要採取行動來改善她這種工作模式，畢竟她時常最後一秒才動工，而且把焦慮當成動力來源。她用了一些步驟來找出她拖延的根本原因——**焦慮**。這些會議上她有很多可以表現的地方，但每當她開始準備，她就也開始擔心自己會被老闆和其他高階主管評判。而每當她為此感到焦慮，她便會立即停下這些引發她焦慮的任務，因此準備工作才會不斷推遲。蕾娜塔最終明白的是，她其實不需要為了工作而刻意擺脫焦慮感，她需要的是去學習面對這些工作時出現的焦慮。在ACT療法的幫助下，即便過程中感到有些焦慮，蕾娜塔也能夠好好準備她的下一次會議，再加上她投入了許多時間，她最終呈現出迄今為止最好的一次簡報。

沒有人能神奇地直接消除所有與工作相關的不適感，相反地，我們必須學會在不適的想法和感覺中前進。由於迴避情緒對拖延症的影響甚鉅，如果想要停止拖延，當你嘗試處理這些拖延症**背後**的情緒時，你也需要準備好去面對這些不適。我保證，這些感受不會吃人。踏出舒適圈反而能讓你學到最多東西，並獲得最大的個人成長。

貼心提醒

在此階段中，你可能會發現自己有一些很強烈，甚至是無法控制的情緒反應，或是察覺自己患有慢性憂鬱或焦慮症，這些狀況影響了你的工作效率，導致工作和家庭事務的拖延，還引發了更多問題。如果發生這些情況，務必尋求專業醫療診斷、治療和幫助。

雖然本書中的練習技巧獲得科學支持與證明，並經過測試，但有些個案在解決自身問題時，確實仍需要醫療幫助及治療。在我的時間管理課程中，有些學生也曾經接受諮商師輔導，幫助他們去面對個人和職涯方面的問題。如果你確實有這些需求，我當然會建議你去尋求協助。

靜坐接納

當不適感出現時，雖然你亟欲逃避，但要學著去接納它，這絕對是減少痛苦最有用的方式。接納意即同理它，不去批判，也不要試圖改變。這雖然很難，但還是能做得到。

第一次試著練習靜坐時，可以花兩到三分鐘完成以下步驟。熟悉這個過程之後，你也可以靜坐得更久。你越是多加練習接納，而不是抗拒或逃避，就算不適感還是會引發焦慮，但這些感受將越來越不會干擾你完成重要的任務。

1. 舒服地坐在椅子上，雙腳踏地，手掌則放在膝蓋上。閉上眼睛，自然地呼吸。
2. 花幾分鐘時間感受呼吸的節奏和身體的起伏，並專注於每一次吸氣和吐氣。不要試圖改變你的呼吸，只要用包容與同理的心去觀察它，接受它本來的樣貌。
3. 覺察背部靠在椅子上、雙腳放在地板上的感受。覺察身體各個部位的感覺，以及皮膚感知的溫度。同樣地，不要試圖改變任何東西，也不要批判，只要帶著包容與同理心，去觀察並溫柔地接受你正在經歷的所有。你不必試圖讓任何不適感消失，也不必關注這些不適感，只要觀察就好。

4. 繼續觀察你的呼吸以及身體。有任何想法和感覺出現時，就一樣帶著包容與同理心來感受它們，不要試圖推開或抓住這些感覺，也不要做任何判斷，只要持續觀察即可。你確實意識到自己有這些想法或感受，但也要明白，這些想法或感覺都不能代表你。如果需要的話，也可以使用第51頁的心靈記錄技巧，來為你的想法或感覺貼上標籤，藉此來承認它們。

5. 睜開眼睛之前，讓自己繼續多觀察幾分鐘，不要做任何批判。睜開眼睛時，用相同的同理心去展開你一直拖延的工作。

你隨時都能做這個練習，但現在，請將「停止浪費時間」筆記本放在手邊，花幾分鐘想像你正在進行之前一直逃避的任務。就算有焦慮、恐懼、憤怒和無聊等不適感出現，也要繼續想像下去。想像自己在堅持繼續工作的過程中，用包容與同理心來承認這些不適感，直到任務完成。接下來，在你的筆記本上回顧這整段經歷：

- 你覺得這段過程如何？
- 引發了哪些感受？
- 你的反應如何？
- 任務完成後，你感覺如何？

練習：展開行動的五個理由

這個練習將能幫助你連結起現在手頭上的任務，以及我們承擔這些工作整體而言的真正原因。例如我們正在處理文書雜務，因為這畢竟是我們工作的一部份，而我們需要賺錢來養家餬口。正是由於我們重視自己的家庭，工作中附帶的文書雜務因此變得更有意義。有些人可能十分幸運，找到一份自己熱愛的工作，並重視自己所能做出的貢獻，但也有很多人工作的目的只是為了支付帳單。也許他們還是很重視這份能讓他們養活自己的工作，即便他們對工作內容本身並不感興趣。

你可以看看自己正在為生活的哪些其他面向努力，並列出自己的五大理由，我也鼓勵你這麼做，但現在，讓我們先來想想你為什麼要工作。其中一些原因可能是：

- 幫助你養家餬口
- 體驗個人成長
- 做出正面貢獻
- 與他人互動
- 朝職涯目標邁進
- 避免無聊

舉例來說，你可能正在做一份低薪的兼職工作，因為你的孩子年紀還小，你希望可以在他們放學回家後照顧他們。在這樣的例子中，你重視身為父母的價值，而這份兼職不僅給了你賺錢的機會，又讓你能陪伴孩子。順著這些思路思考，把你正在從事的工作與你重視的價值相互連結起來。

接著將「停止浪費時間」筆記本翻到新的一頁，並寫上「我做這項工作的五個理由」做為標題，仔細思考你為什麼選擇從事這項工作，並列出你的五個理由，這些理由都能敦促使你繼續完成原本延宕的任務。

如果你正在與其他方面的拖延症搏鬥，也可以相應修改你的標題，像是「我想減肥的五個理由」，可能是「為了避免引發與體重相關的疾病」，畢竟你重視健康，或者「為了陪我的孫子玩」，因為你重視家庭，諸如此類。這些理由都能讓你不再推遲參加健身班。

害怕失敗

害怕失敗會構成強大的情緒障礙，甚至會讓我們無法朝目標踏出第一步。

萬一我們付出努力，真的全心投入其中，卻還是失敗了呢？那種感覺一定比完全不嘗試還要糟糕吧？

害怕失敗確實是一種其來有自的擔憂，尤其是工作領域上。主管會不會發火？會不會在同事面前丟臉？甚至，有沒有可能因此丟了工作？我們把這種恐懼堆疊成一份很長的清單，裡面包含了所有最壞的情況，鉅細靡遺地設想萬一失敗了會發生什麼事，於是我們就開始拖延任務。多數情況下，我們想像的那些可怕後果都太誇張了，不太可能成為現實。但如果我們把最壞的狀況全都信以為真，並因此改變做法，反而會帶來一大堆問題，也更加無法防患未然。

讓我來舉個自己生活中的例子。在我其中一份工作中，有次我來不及在週五前完成任務，於是我整個週末都在擔心錯過截止時間會有什麼後果。等到週一，我將工作完成並交給了我的主管，而對於我遲交一事，主管半個字都沒說。整個週末我都處在煩惱的情緒裡，一心在做最壞的打算，但事實上這根本沒有發生。而就像我主管對我的遲交毫無反應一樣，大多數我們所擔心的事根本不會出現。當我們用旁觀者的眼光來檢視這些想像，就會清楚知道，其中大部份的恐懼都不可能成真。

雖然我們確實偶爾把寶貴的時間浪費在無憑無據的擔憂上，但如果你發覺自己經常感到極度焦慮，請務必尋求醫療協助與治療。

本書中的練習都有助於解決我們平時偶爾會感受到的焦慮，不過，要是你的焦慮已經達到干擾日常生活的地步，請你一定要考慮尋求專業協助。

練習

面對憂慮感

以下練習可以幫助你面對憂慮感，尤其是當你開始設想最壞的情況，並徹底陷入其中的時候。

1. 評估可能性：若用一到十來評分，你所擔心的事真正發生的可能性是多少？你以前有預期過類似的事嗎？這些擔憂實際上多久才會實現一次？怎樣才能降低這些事情發生的可能性？

2. 考慮所有可能的情況：我們擔心一件事的時候，往往直接設想到最壞的情況。因此，除了最壞情況以外，你也要設想中庸的情況和最好的情況。這些情況中，哪一個最有可能發生？

3. 想辦法處理：如果最壞的情況真的發生了，你會怎麼處理？你可以事先想好一套解決辦法，就算你持續設想最糟的情況，也能因此而減輕憂慮，畢竟就算壞事真的發生了，你也已經有適當的計畫來面對處理。你絕對比自己想像中能幹得多！

工作上的失誤可能只是一次學習經驗，而不是你想像中那種會終結你職業生涯的惡夢。要是你已經被指派了任務，卻遲遲不肯著手進行，反而更有可能讓你的主管發火，嚴重甚至可能讓你丟了工作。畢竟你連嘗試看看都不願意，他們為什麼不直接雇用一個肯做的新人就好？你生活中犯的其他錯誤也是同樣道理。如果你只不過是犯了一次失誤，那麼你也學到了有用的教訓，下次再嘗試看看不同的做法就好。但如果你不願嘗試，那你永遠不可能獲得成功的回報。

害怕成功

害怕失敗還說得過去，但為什麼有人會害怕成功呢？當我們對完成任務或目標這件事感到擔憂時，就會對成功產生恐懼。我們可能會問自己這樣的問題：

- 如果我這次成功了，會不會把標準提高到我難以維持的程度？
- 成功之後，我是否會招來關注或使別人讓對我的期望更高？
- 我的同事會不會認為我在討好上司？
- 我會不會升遷，但卻無法勝任？

- 我會不會變得很忙，導致我沒時間陪伴家人？
- 如果我成功了，我以後還能做些什麼？

以上的問題都在擔心同一件事，那就是成功會帶領我們踏入一個全新的未知領域。我們可能必須開始和公司上層的人共事，可能會感到自我暴露、壓力很大，或受到更多檢視，而我們或許還沒有準備好面對這一切。當我們缺乏安全感時，成功看起來幾乎就和失敗一樣可怕。但同樣地，這種恐懼通常都太誇張了。

如果你在某件事情上取得成功，通常不只是靠運氣而已，而是因為你擁有完成這項任務的能力或技巧。如果是這樣的話，就表示你未來被指派其他任務時，也很可能複製這次的成功經驗，畢竟你之前已經有所累積。你絕對可以去做更多事，並達成更多目標，端看你如何選擇而已，一定要記住這一點。比方說，如果新的職位並不符合你的技能和理想，你不一定要接受升遷。但也要記得，你可以用以下方式來學習新技能：

- 嘗試新事物。
- 去當地大學進修。
- 線上進修。
- 尋找網路上的學習資源。
- 尋求軟體或工具廠商的幫助。
- 在論壇中獲得幫助（我自己很喜歡這個方法，我常在線上論壇提問，隔天就能獲得許多很有用的回覆）。

練習

向下追問法

在這個練習中，我們要使用的是認知行為治療（cognitive behavioral therapy, CBT）中的一種技巧。CBT是一種有效的談話與行為治療方式，有助於將負面思考模式重整為正面思維，進而推動積極的行動。

向下追問法（Downward Arrow Technique）會更充分地探索你許多不經意的想法和混亂的思緒（我自己就是如此），藉此幫助你控制這些想法，找出負面思考的根源，並判斷它們是不是真實情況。以下是向下追問法的練習：

將「停止浪費時間」筆記本翻到新的一頁，並寫上「負面思考」做為標題。把筆記本帶在身邊，只要你發現心中產生負面的想法，就將它寫下來。

寫下來之後，在下一行畫一個向下的箭頭，寫下這個想法為什麼對你那麼重要。接著，再畫一個向下的箭頭，寫下你為什麼擔心這件事。這個做法能幫助你深入思考或感受情緒。繼續往下畫，直到你到達問題的終點或根源。

以下是我自己的例子，當時的我正在推遲一個在工作坊進行教學演講的任務：

我不想在這麼多人面前演講

↓

其他演講者看起來比我更有魅力

←

我不喜歡我的外表

←

我又胖又醜

←

別人會因為我不夠有魅力而拒絕我

←

我很害怕被拒絕

這個例子顯然就是我當時需要克服的情感障礙，而成功克服它之後，我已經可以在好幾千人面前演講和舉行工作坊。我當然沒有一夜之間突然變成一個帥炸的電影明星，但還是有許多觀眾熱烈回響並喜愛我的講座，即使我沒有布萊德・彼特的那張帥臉。

我只是找到了自己的問題根源，也就是我不喜歡自己的長相，我覺得自己又胖又醜，因而認定我會遭到拒絕。發現了這個問題之後，我就開始研究與這種思考有關的技巧，藉此改善我的思維和情緒反應。最重要的是，我沒有讓那潛在、非理性的恐懼阻止我去做喜歡的工作。每當你出現負面想法時，就嘗試這種方法，直到你找到每個問題的根源。

練習

重塑負面思考

之前可能已經有人向你推銷「正面思考的力量」、「用想的就能變有錢」之類的胡言亂語，暗示你只需要用正確的方式來思考，就會在一夕之間神奇地變得很健康又很富有。**最好是**。健康和財務的變化需要努力，不是只靠樂觀就能辦到。但是正面思考還是有些道理，尤其它的對立面就是負面思考的時候。

負面思考就像一種毒藥，會侵蝕你的自信和情感健康。如果你的內心總有位評論家在對你指指點點，批評你多麼無能或一文不值，你怎麼可能取得成功和充滿效率呢？當我們陷入負面思考時，我們就會去關注自己身上發生的每一件壞事，並過濾掉所有好事，這種負面濾鏡會帶給我們糟糕透頂的體驗。

想想「杯子半空或半滿」這個例子，兩種說法在技術上都是正確的，差別在於我們選擇如何看待杯子。同樣地，我們也可以選擇用正面或負面的方式來看待事情。事實證明，當你不開心的時候保持微笑，時間久了你也會心情變好。類似的邏輯，我們也需要關閉內心的自我批判，以更強大、更正面的思考來取代那討人厭的內心旁白。

記住，想法並不等於現實。當我認為自己又胖又醜，別人因而不會想來聽我演講時，我糾結的是自己並非世上最有魅力的人。但假如我的演講很有內容，別人是否會因而願意傾聽？我努力嘗試正面看待自我形象，現在的我已經成功建立了演説家的事業。我與觀眾分享的知識和熱情，早已遠遠超過了我的外表。大家都很喜歡我那頂「時間隊長」的帽子，它是一頂蒸汽龐克風格的咖啡色帽子，上面還搭配了一副鏡面印有時鐘圖案的護目鏡，成為了我整體形象的一部份。

因此，讓我們一起來把負面思考重新塑造為正面想法，即使兩種想法都可能是正確的，但是你可以選擇自己要關注哪一個。將「停止浪費時間」筆記本翻到新的一頁，並寫上「從負面到正面」做為標題。接著，在頁面中間畫一條線，一欄寫上「負面思考」，另一欄寫上「正面思考」，並先列出你最近腦中出現的負面想法。然後，對應每一個負面思考，想出一個正面想法。以下是一些可以著手的例子：

負面思考	正面思考
我搞砸了一項任務。	今天我完美地完成了許多其他任務，而這個失誤也很容易改正，我不會再犯同樣的錯誤了。
主管批評我的工作表現，我真是個失敗的人。	主管提供建議，這能幫助我下次將任務執行得更好。
我又胖又醜，一定不可能獲得升遷機會。	我的外表有其他好看的地方，為了突顯這些優點，我可以去找形象顧問改變我的穿搭，學習如何展現自己。
我討厭辦公室氣氛。	我的辦公室是個舒適的工作環境，我可以在桌上放些裝飾品，或調整燈光，讓空間看起來更好。

善待自己，這便是最能建立正面自我形象的方法之一。我經常使用箴言來幫助自己脫離負面思考，所謂的箴言，就是一些提醒自己正面思考的短句，其

中我最喜歡的一句話是這麼說的：「善用每一個想法、每一次行動，創造出我想要的生活。」我覺得這很有效，因為它會提醒我經常自問：這個想法或行動能不能幫我創造出想要的生活？如果答案是否定的，我就會將精力轉向其他能幫助我達成理想的想法或行動上。

第一週行動計畫

將「停止浪費時間」筆記本翻到新的一頁，寫下「行動計畫：一項任務」做為標題。接著思考一下你一直在拖延的幾個任務，從這些任務之中選擇一個，將它寫在標題下方。利用你到目前為止的所學，找出你沒有進行這項任務的可能原因，看看自己究竟是想避免哪些潛在情緒或結果，並將它記下來。運用本章的技巧，學習接受全心書寫過程中所出現的任何不適感，並記住這種感覺，制定出一個行動計畫，明天的第一件事就是要執行這項任務。假設你想要加薪，以下是一個行動計畫的範例：

任務：要求加薪

不適原因：害怕面對老闆、害怕因而被開除、害怕被拒絕。

我的方法：制定一個循序漸進的計畫，列出我該被加薪的理由，並想出要怎麼對主管說。我的行動步驟包括：

1. 查出同等級薪水的相關資訊。
2. 將我的成果列成一份清單。
3. 準備講稿。
4. 練習傳達我的想法。
5. 詢問顧問導師、信任的同事有沒有什麼建議。
6. 約主管開會，藉此表達我的想法。

這類任務不太可能在一天之內完成所有步驟，但沒有關係，制定出行動計畫能幫助你朝著成果穩步邁進。如果你的任務正好就是上述例子，那麼你可以每天空出半小時到一小時來執行各個步驟。要是任務沒那麼複雜，或許一天只要花十五分鐘就足夠，甚至，你的任務可能一天之內就能完成。在上述例子中，你可以每天空出一段時間寫下應該加薪的理由，大約一週之內就能完成這個任務，只要每天固定花時間在這些小步驟上即可。

只要有了行動計畫，明天就能展開第一步。這確實可能會帶給你不適感，但無論如何，一定要繼續進行下一步，直到任務完成為止。

本章總結

你已經知道：

- 自我覺察和正念思考是終止拖延的第一步。
- 每個人都有感到不適的時候，但只要學會如何克服這種感受，就能成功戰勝拖延。
- 找出拖延的真正根本原因，就能幫助你設計出應對策略。

你已經學會：

- 完成任務的過程中，心態要更加正面。
- 分析任務，找出逃避的根本原因。
- 接納不適感。
- 用正面思維取代負面思考，才能繼續前進。

3

第二週

建立你的上部結構

為什麼需要上部結構

建造工程中的「上部結構」（superstructure）是指以現有結構為基礎，再繼續往上搭建。比如船隻的甲板上會再搭設桅杆和索具，它們能支撐船帆，以利推動船隻前進。同理，本章中，我將幫助你在現有的行程表上建立出「成功的上部結構」，確保你能完成重要的任務，並像船隻一樣「往前推進」。

那些比你更加成功、更有效率的人，不一定是因為他們比你聰明或更有才華，他們可能只是擁有一套更好的系統來推動進程。成功的人不只是努力而已，還要有足以支援成功的上部結構。比起花更多時間工作、不斷試圖趕上他人，先打造出一套好的支援系統，才更能大幅強化和影響你每天的生產力。好的上部結構能帶給你的幫助如下：

- 打造一個任務中心，專門儲存和組織你的任務與筆記。
- 創造出一套系統方案，讓你能與下屬、主管、外包廠商和同事交涉，而在私人生活中，則可以委託他人、尋求志願者或家人的幫助。

- 讓你專注於手上的任務。
- 減少分心。
- 跨越障礙。
- 提供方法，讓你正面迎擊那些會造成拖延的逃避行為。

有了自己的成功系統之後，你就更容易進入高生產力的工作流程，進而實現你想要的成果，而不會繼續在雜事上浪費時間。這個系統確保你能一個接一個完成眼前的首要任務，從而戰勝拖延症。這套系統不僅能支撐你，也能讓你緊緊跟隨它的流程，讓事情更容易完成。

最近，有很多業者都會「建議」你購買他們超棒的系統，一套要價將近十萬台幣，內含全套軟體和「祕密藍圖」訓練組合，宣稱這能幫助你達到真正的成功。好吧，我大概要錯過賺大錢的機會了，因為我接下來就要告訴你，如何使用廉價的筆記本、原子筆，還有幾個免費應用程式或軟體，來打造出自己的成功系統。

如何建立上部結構

能幫助你成功完成任務的上部結構是什麼樣子呢？你目前已經有一份行程表，內容包含了上班時間、一天的開始等等。而上部結構則是一份獨立出來的「完成任務」行程表，分別擬訂每一類任務的完成時間。只需要稍加微調，這份行程表也可以應用在家事、個人事項和目標上。上部結構專門用來強調任務的截止期限和交期，以及事情的順序和任務的重要性。

步驟一：學會分類

醫療領域有所謂的「檢傷分類」，這是指在忙碌的急診室或意外現場中快速評估傷患，確保最嚴重的患者能優先獲得幫助。像是手臂骨折的病人可以稍候一下，而心臟病患者則必須立刻急救。同樣道理，你在進行「任務分類」的時候，也要先看看你所有的待辦事項，確定哪些是最重要的任務，哪些必須優先處理。你可以幫每個任務都排列編號，並寫上截止時間，藉此完成分類。

要記得，在分類任務的過程中，你還沒有要「執行」任何任務，只不是為它們進行分類和排序，好替為接下來的工作做準備。這些決定應該非常快速，先不要去煩惱每一項任務，也不要開始想著怎麼去執行它們。就把這個過程想像成你正在分類待清洗的衣服，你只是把同類型的衣服都扔進同一個專屬的籃子裡，不必考慮太多。步驟二將幫助你設定任務的優先順序，並決定任務該放在哪個「籃子」中。

步驟二：工作流程

每天都會有源源不斷的新任務出現。如果你總是先做最新進來的任務，之前的工作就永遠也做不完。而假如你嚴格遵守它們先來後到的順序，最早的任務固然能先完成，但新進的緊急事項又會被推遲得太久。因此，你需要制定一套策略，在分類過程中辨識出最為優先的任務，讓你可以先去完成這些工作。

就讓我們先思考你要用哪一種標示方法來分類任務。如果你本來就有一套自己的任務順序編列法，可以直接沿用它，沒有的話，以下有兩種方式：

方式一	方式二
緊急	5
高	4
中	3
低	2
非強制	1

如果你使用第一種方式，就將必須立刻完成的任務標示為「緊急」。「高」則表示優先順序較高，接著是優先順序中等，以此類推。第二種方式則是以數字來標示，5表示優先程度最高，1為最低或可做可不做。

通常我們不會有那麼多緊急任務。在你每段時間的所有任務中，會標示為緊急或高、5或4的工作通常不會超過十分之一。任務的優先順序排列完成之後，你就可以開始處理所有緊急任務，等做完時再接著進行優先順序較高的工作。而完成了所有高優先的工作時，就進入中等優先，然後是最低優先。

在工作上，你可能會需要主管的指示來選擇最優先處理的任務。畢竟你沒辦法了解整個案子的全貌，這可能會讓你在評估某項細節時，誤以為它的優先順序比實際上更高或更低，進而錯過了完成重要任務的時機。你可以請主管訂出所有新任務的順序和交期，接下來就比較好處理。至於在私生活中，你則可以請家人和你一起做決定。

截止期限也會影響任務在日常工作流程中的順序。也許某個任務的優先程度其實只是中等，但截止期限卻在下週四。假如這個工作需要一個小時才能完成，那麼你就要在下週三時，將它的優先順序修改為最高。要是到了週三之前你還沒有完成，週四就要把它的順序修改為緊急。

如果你是一位主管，或你把某項工作外包給別人做，最好在你開始處理自己的首要任務之前，就先把要外包出去的工作都分配好。這樣其他人才能也開始進行他們的工作，讓整個團隊更有效率，而不是只等著工作分配下來，或等候你的指示。

分配或接受任務時，最好有一份完成任務所需的全部資訊，並搭配說明。以下列出分配工作應該附上的指示，或你收到任務時需要知道的資訊：

- 名稱
- 交期
- 優先等級
- 指派者（交付任務給你的人）
- 專案管理者（完成任務後，負責把關品質的人）
- 任務說明（工作中包含的所有細節）
- 任務類型（例如資料輸入、行銷、人力招募、客戶服務等，這有助於確保自己在任務上投入足夠的時間）
- 附件或素材（任務所需的材料）
- 訓練資源（像是能指引你如何完成任務的教學影片或文件。我都會替我的線上小助手們整理一個一般任務的教學影片庫）

如果你把任務記在筆記本裡，可以替每個任務畫出一個欄位。大部份常見的任務管理系統則都有內建這些欄位，你也可以使用 Excel 或任何表格軟體，或在你習慣使用的文字處理程式中，設置一個簡單的表格。如果你決定要用數位任務管理系統，以下有幾個免費的程式可以參考：

Trello：這是一個將任務視覺化為卡片的拖放系統，每項任務一張卡片，可以排列優先順序、截止時間並分配給團隊成員。

Airtable：這是一個通用的「資料庫與試算表」系統，幾乎可以自訂任何用途。我就是用這個軟體做為我的任務管理系統、客戶關係管理系統、演講工作資料庫，也會用來編輯日曆，或許多其他事務。我還會在 Airtable 上為我的客戶專案一一建立資料庫，這樣他們就可以一目了然地看到專案狀態。

Trello 適合喜歡視覺化操作的人，而對於需要大幅自訂內容的使用者來說，Airtable 則更加靈活。還有很多其他的任務管理系統，但是這兩個就足以讓你開始進行任務管理了。如果你用了幾個月之後，發現自己需要更多功能，也可以再看看其他程式。

最好選擇可以跨裝置使用的任務管理系統。我自己使用的軟體就可以在桌機、筆電、平板和手機上開啟，因此，無論我人在哪裡、手邊帶的是哪一項設備，都能隨時處理與更新任務、做筆記、管理我的一天和團隊成員。Trello 和 Airtable 都有同時支援桌機和行動裝置。

步驟三：每次一項任務

一心多用是個迷思。已經有科學研究證明，就算是大家公認擅長一心多用的人，如果一次只專心做一件事，他們也會因此而做得更快更好。同時處理許多事會降低工作效率，反而讓你更容易拖延。這是因為當我們一心多用時，我們其實並沒有真的同時在做很多事，只是把注意力分散到不同地方而已。注意力被分散後，就表示每件事情都沒有得到充分關注，使得工作過程變得粗製濫造。而持續分心去做太多很小、很簡單的工作，還會誘使我們繼續迴避更大、更困難的任務。那麼到底該怎麼辦呢？答案就是一次只做一件事。

一旦確定了任務的優先順序，就只關注最優先的任務即可，你要集中精力去完成它。接著再開始第二重要的任務，直至完成，以此類推。若想要一次做好一件事情，其中一個方法就是設置一個三十分鐘的倒數計時器，這三十分鐘內只做這件事，直到完成或時間到。如果你在五分鐘之內就把第一項任務做完了，那就先開始做第二項任務，直到三十分鐘結束。三十分鐘過完，就去休息五分鐘，伸展一下。回來以後再重新設定三十分鐘，然後繼續進行下一個重要任務。一直持續循環，直到所有事情都做完為止。這個方法被稱為番茄工作法（Pomodoro Technique），這是以番茄形狀的廚房計時器命名，「pomodoro」就是「番茄」的義大利文。這種工作技巧最早開發於一九八〇年代末，當時的開發者法蘭西斯科・西里洛（Francesco Cirillo）還只是一位大學生。

你可以在網站或手機裡下載線上計時軟體，也可以去大賣場買一個簡單的廚房計時器，當然不一定要是番茄形狀。我自己使用手機裡內建的時鐘應用程式，但也有許多其他計時軟體可以嘗試。

如果想要提高生產力，學習一次專注一項任務可能是效果**最好**的方式，這能大幅幫助你，讓你不會因為每件事都想做而浪費時間，或不斷分心去做其他事。當你變得更有效率時，你也會因為受到鼓舞而繼續保持下去。

步驟四：打造每一天的上部結構

將「停止浪費時間」筆記本翻到新的一頁，並寫上「明天的上部結構」做為標題。從明天的行程開始，先寫下需要在特定時間裡進行的事項，比如會議時間和午休時間。然後再將剩下的時間分段，分別用來處理你認為緊急或重要的任務。

分批處理工作通常會更有效率，例如你需要寫一篇文章，那麼就花三十分鐘專心寫完，這比起你花五分鐘寫作，接著又跑去收信或回信，然後再打通電話，絕對更有效率。以下是一位自行創業者分配時間區段的範例，每個類別中都包含了可能的工作內容：

計畫

- 計畫目標、每日工作、每週工作、各項任務，以及工作的優先順序

- 產品開發
  - ·寫下構想 ·產品計畫 ·產品製作
- 行銷
  - ·撰寫行銷企劃 ·分配行銷工作 ·追蹤成效
- 人資
  - ·招募 ·培訓 ·績效考核與訓練
- 客服
  - ·回覆電子郵件 ·致電及回電

根據以上的描述，一天的上部結構可能是這樣的：

明天	工作內容
早上9點	客服
早上10點	行銷
早上11點	人資
中午	午餐
下午1點	產品研發
下午2點	開會
下午3點	人資
下午4點	計畫明天的工作

務必記得，在指定的時間範圍內，你只要處理每個類別中最優先的任務就好。用以上的例子來說，「客服」時間只需要完成最重要的客服回覆，而「行

銷」時段則只要完成最重要的行銷任務即可。表格中我以一個小時做為一個時間區段，你也可以區隔為半小時、兩小時，或將你的一天分為上午和下午兩段，又或者，花一整天的時間全心全意做一件事情，比如寫作或行銷。

至於要如何把這個安排方式應用在你的個人生活和週末活動上？你可以用上部結構法來完成更多家事，並保有娛樂時間。以下是一份類似的範例表格，一起看看週末可能如何安排。

明天	時間範圍
早上9點	打掃車庫
早上10點	打掃車庫
早上11點	到商店採買食材，晚上要邀請朋友來吃晚餐
中午	午餐

下午1點	散步或健身
下午2點	整理客廳
下午3點	開始煮晚餐
下午4點	朋友到訪
下午5點	晚餐上桌
下午6點	和朋友聊天放鬆

為你的休閒活動預留時間，比如和朋友相處、約會之夜和「冒險」日，這樣你既能夠享受生活，又能完成更多事情。

何時該處理電子郵件？

你有看過實境秀《儲物狂》（*Hoarders*）嗎？節目中，許多人家裡堆了很多東西，幾乎沒地方走路，連健康都受到影響。有些人的數位囤積症也不亞於儲物狂在家裡堆放的東西，尤其是在電子信箱的收件匣中。而且，就像儲物狂遇到的情況一樣，這些信件也會影響我們的心理健康和壓力水平。

我們在收件匣上花了**很多**時間，整天看著一大堆未開啟和未回覆的郵件在那裡等著我們，因而感到不知所措。雜亂無章的收件匣當然不是你的錯，畢竟信箱系統的運作方式就是——所有寄給你的信件都會被塞進同一個收件匣裡。也就是說，某位潛在客戶寫給你討論鉅額訂單的郵件，在收件匣中，完全等同於朋友轉發來的笑話、不重要的近期事件通知，甚至是廣告垃圾郵件。

我每天可以處理完所有的信件，收件匣都是清空的，而且我也不會為此加班。聽起來不可能嗎？當然有可能。接下來，我要告訴你一種技巧，每天不超過二十分鐘，就能解決收件匣混亂的問題。這個技巧稱為「收件匣歸零法」（The Zero E-mail Inbox），無論你使用哪一個信箱系統都可以應用。

收件匣歸零法

收件匣歸零法可以幫助你快速找出優先順序較高的信件，並整理好它們以方便檢索，一天結束時，你的收件匣就會是淨空狀態。以下是進行步驟：

1. **信件分類**：將信件依照類別和優先順序分類，我們接下來會再討論。
2. **刪除並清空**：刪除所有不重要的信件，並清空垃圾桶。
3. **委派**：如果這封信是別人可以處理的，就轉發給適當的人，並且對方負責處理。接著，可以刪除這封信，或封存以利日後確認。
4. **回覆**：盡可能依據優先順序快速回覆信件，若有需要，回覆後進行封存，以備日後檢索。

信件分類或封存

電子郵件包含各種類別和優先順序。工作中，你可能會收到來自客戶、主管、人資、業務、同事等人的郵件。而生活上，則可能會有朋友、慈善機構、社區團體、信用卡業務等人寫信給你。希望你有將工作與私人郵件分為兩個信箱帳號。就如同其他任務，這些電子郵件應該要被「分類」。

你可以使用資料夾、標籤、標記或類別將信件分類，實際上要看你使用哪一款信箱軟體。不要在收件匣中處理信件，而是先將它們分類到適當的資料夾、標籤或類別中，再開始一一處理。你可以在信箱中設定以下順序的資料夾：

立即：此刻必須優先處理的信件

次要：第二重要或緊急的信件

待定：需要等待更多資訊才能處理的信件

閱讀：只需閱讀即可的信件，如電子報

存檔：已處理完的信件

想想看有沒有哪個人的來信是最為重要的？比如說你最大的客戶，或是你的主管？你可以使用信箱軟體上的過濾功能，自動將這個人寄來的所有信件轉

發到「現在」資料夾中，確保你會最先注意到它們。

如果信件中提到某項任務的截止時間，我建議將這封信提到的事項加入你的任務清單，並註明期限。或是你也可以把這封信放入「待定」資料夾中，並在任務清單中提醒自己每週要檢查這個資料夾一次或兩次。還有一些工具，像是 Gmail 的擴充軟體「Boomerang」，可以讓你先封存郵件，並在指定日期重新回到收件匣中。

以上這些方式都很有用，但是你要確保自己願意使用其中一套方法，並持續運用下去。就我個人而言，我會把信中的事項加入我的任務清單，並附上原始信件內文的連結。摸索你使用的信箱軟體，看看有哪些可用工具，並開始充分加以利用。

設定好資料夾之後，就將信件一一移動到各自的新家去。不要為每一封信煩惱，只要花個幾秒鐘迅速做決定即可。就算分類錯了，也可以之後再復原。大多數情況下，請儘量不要點開這些郵件，只要依據標題和寄件人判斷，直接將它們拖曳到「立即」、「次要」或「待定」資料夾。一封信件只處理一次就好，要不就是刪除，要不就是列入計畫，或者就將它拖入適當的資料夾中，依照優先順序來慢慢處理。

收件匣不等於儲物箱

刪除你不再需要的信件，並清空垃圾桶。確保「立即」、「次要」和「待定」資料夾中的所有重要信件都已經回覆或委派，之後才進行存檔。千萬不要讓你的收件箱裡存放著一千多封信，使用收件匣歸零技巧，讓你的信箱每天都呈現淨空狀態。

你也可以把信件加入你的任務清單，再依照優先順序來處理它們。這樣一來，你的任務清單就不用再分成一般任務和信件任務兩種。像是 Gmail 就有一個擴充軟體，可以將信件任務傳送到專案管理應用程式 Trello 中。

私人與工作信件

為了區隔工作和私生活，好讓你的專注力不會在兩者之間游移，我強烈建議你要為工作和私人信件各自設立一個帳號。區隔帳號可以防止你在下班或週末的私人時間中收發工作郵件或沉浸在工作之中，也能讓你在私生活中遠離同事和主管。

非工作時間只要查看私人信件就好，這樣才能更認真地回覆朋友和家人。如果你私人信箱的收件匣爆滿，也可以運用收件匣歸零法來控制信件數量。

應用程式及其他智慧信件管理工具

現在有許多應用程式和智慧系統可以幫助你管理信件。以下是一些我每天會使用的工具，你可能也會覺得有幫助，包含：1. 文本擴展器，2. 電子郵寄清單管理，3. 過濾。

文字自動跳出軟體

我自己使用一款名為「PhraseExpress」的軟體來幫助我回信和寫文章。還有許多其他相似的軟體，包括「WordExpander」和「Breevy」，它們的基本功能都相同，也就是讓你先輸入常見的回覆字詞或句子，之後在任何信件、表單或文件中，只需按幾個鍵就可以讓句子或詞彙自動跳出。實際功能會依據你選擇的軟體而有所不同，你可以上網查詢，看看軟體描述和使用者評論，再決定哪一款軟體最符合你的需求。

管理聯絡人清單

除了一對一的信件，我還會用信件進行一對多的溝通。這讓我可以：

- 根據興趣類別建立聯絡人清單。
- 讓人們可以**自動**取得內容、報名參加活動、訂閱和取消訂閱。
- 向大量已訂閱的人發送信件，他們都迫不及待想收到我寫的文章。
- 發送各種自動生成的信件，通知大家來參加某個活動。
- 發送各種產品上市公告，將消費者導入我的銷售漏斗。

我用來管理聯絡人清單的智慧工具是「MailerLite」，這是一款便宜又好用的軟體。管理聯絡人清單和寄件工具對我來說至關重要，讓得以與我的訂閱客戶保持聯繫，而我的大部分收入，也都來自於我和這些聯絡人的交流。

篩選

我使用 Gmail 中的篩選功能，會根據郵件的來源自動進行分類。Outlook 和大多數的信箱軟體也都有這項功能。這讓某些信件會直接發送到我的「閱讀」資料夾中，而不會跑到收件匣裡。篩選功能還可以幫助我設置優先順序和清除垃圾郵件。你也可以使用這個功能來確保重要的信件自動進入「立即」資料夾中，藉此節省排序時間。

每日待辦清單

若要結束拖延並完成更多事情，待辦事項清單就是核心。待辦事項清單可以透過以下方式來幫助你：

- 成為你所有任務的集散地。
- 有助於分配優先順序和截止時間。

- 讓你專注於手頭上的優先任務。
- 確保你不會忘記重要的工作，因此不會丟三落四。
- 追蹤你的成果，讓你得以衡量一天的生產力。
- 完成各項任務的過程中，會讓你獲得成就感。

記住待辦事項

你是否有發現，自己經常想著「等一下絕對要記得去做這件事」，結果一兩個小時之後，你絞盡腦汁卻想不起到底是哪件重要的事？我們的腦袋並不是保存待辦事項的好地方。使用紙本或數位待辦清單能幫助你有系統地記住任務，當有事情必須開始處理的時候，你便能輕鬆快速地想起來。

你也可以使用一些簡單、實體的提醒小物，來提高自己對職責的認知，並將自己帶回正軌。例如，我有位學生經營一個很成功的 Podcast 節目，在相關領域中獲得廣大的迴響和互動。但有許多聽眾打電話進來只是為了聊天，除了社交之外，他們沒有真正的目的。而且他們的談話會一直持續下去，佔用她許多時間，卻沒有為她創造任何額外收入。因此，我們幫她想出一個非常簡單的小提醒，那就是在她的電腦螢幕和手機上各貼一個黃色便利貼，上面寫著「這次的談話有收費嗎？」便利貼發揮了巨大的影響力，提醒她要禮貌地縮短這些零產值的對話，這樣她就能繼續進行其他有償的工作。

為什麼要列出每日待辦清單？

待辦清單應該成為我們工作效率系統的一部份，而且每天都要使用。如果不這麼做，這套系統就無法幫助你避免拖延和浪費時間。就算你今天只有兩項任務，還是要將它們按照優先順序寫進待辦清單中，完成後再劃掉。如此一來，你就可以養成習慣，就算你的清單上有更多專案等著執行，你也已經擁有一套效率系統來輔助你了。

持續前進

每日待辦事項應該是一份靈活的清單，你可以不斷加入新任務、強調重要的工作，並在完工時劃掉它們，就像你會關心家裡養的寵物一樣，待辦清單也要隨時受到關注。

等到一天結束後，你可以回顧一下整份清單，把今天剩餘的任務和明天的工作都加入隔天的待辦事項中，並先確定好事情的優先順序。如此一來，在你展開新的一天時，你就已經很清楚哪件事是最重要的，一大早又該先著手進行哪項任務，不必再多花時間評估。

確認自己是否全心投入

通常，當我們初次開始使用待辦清單或任何一套新系統時，都會先全心投入一陣子，接著又會陷入舊的習慣之中，像是疏於確認待辦事項、忘記把新任務加到清單上，並單憑自己的印象來執行下一個工作。於是，我們就失去了待辦清單原本可以帶來的許多好處，比如它能讓我們明確知道優先事項和重點，並確保自己不會漏掉任何工作。

就像展開新的節食或健身計畫一樣，**唯有**每天堅持，你才能從這份新的待辦清單系統中獲得助益。定期確認的步驟也是同樣道理，你可以把確認清單當成早上的第一件事，看看該進行哪一項優先任務。吃完午餐回來時，再次檢查清單，確保你有繼續按照優先順序工作。而每次任務完成後、工作中斷、接電話、上廁所回來等等，也同樣可以查看清單，看看接下來該做什麼。

在展開**任何**工作之前，都要先查看清單，確定好優先任務是哪一件，再開始著手進行。而在展開任何**新的**任務之前，也一定要先把它加入清單，並為它安排優先順序。把待辦清單當成你的生產力聖經，全心投入吧！相信這會有所幫助。

待辦清單範本

以下有一些簡單的待辦清單範本可以供你嘗試，雖然都是與工作相關的例子，但也適用於任何類型的待辦事務。坊間也有許多應用程式都包含預設範本，以下這些簡單的範例，則能讓你輕鬆編列在筆記本或試算表中。

範例一：以數字標示優先順序

在以下例子中，只需要按優先順序列出任務即可：

1. 購買廁所衛生紙（我們都知道這為什麼非常重要）
2. 擬定明天行銷會議的議程
3. 回電
4. 回覆信件
5. 審核新職缺應徵者的履歷
6. 與團隊一起發想新產品點子
7. 考慮《與星共舞》（*Dancing with the Stars*）真人秀的邀約

這是一個極簡單但有效的方法，要記得，不能因為任務簡單或是你很喜歡，就把它們放在最前面，不管複雜程度如何，清單中的第一項任務都應該是最優先的。

你可以每天重新排列並審視一次任務的優先順序。有些人會把清單的第一項空下來，或是預留各項任務之間的空位，以防新的或更要緊的任務出現。或者，你也可以把新任務寫在最底下，並加以突顯，但之後務必記得回頭確認清單底部！

範例二：以工作時段來劃分

還記得前面我們討論過的內容嗎？要為你的每項任務分配工作時段。以下就是按照工作時段來排序的待辦清單：

- 行政工作
  - ・購買廁所衛生紙
- 人資
  - ・審核新職缺應徵者的履歷
- 客服
  - ・回電　・回覆信件
- 行銷
  - ・擬定明天行銷會議的議程　・考慮《與星共舞》真人秀的邀約
- 產品研發
  - ・與團隊一起發想新產品點子

和前面相同，你要將任務分類，並在各個時段內依照優先順序處理。也就是說，你實際上並不是從這個列表最上層開始執行，而是要回頭去看行事曆上的時間表。如果現在來到要處理行銷工作的時段，你就要從「行銷」下的第一個任務開始進行，以上表來說，也就是要擬定明天行銷會議的議程。我自己是使用這個系統，整理出各個工作大類下的任務細節，然後再依照優先順序接續處理。

數位與紙本待辦清單

我們前面有提到，有人會使用軟體或應用程式來組織待辦清單，也有些人會使用筆記本、手帳或工商日誌。為了幫助你找出最適合的方法，以下列出兩種方法的優缺點：

紙本日誌	
優點	寫作能幫助你記憶和學習 可以因應不同需求調整設計 不需要電源 不必一直使用電子產品
缺點	容易搞丟 無法與其他人共享日曆 無法分配任務給其他人

記事軟體	
優點	隨時共享 可在不同裝置上開啟 手機版可隨時取用 不會搞丟 可以在程式中分配任務 有些軟體可以依喜好編排，滿足你的需求
缺點	需要電源或充電 沒有網路的地方可能會無法同步 需要學習使用方式

我的第一個時間管理工具是一本實體的工商日誌。就如我在前言中所說的，那是以前的主管送我的一份精美禮物。多年來，我使用日誌的成效一直都很好。後來當我開始遠端管理團隊，這才轉向了記事軟體，但我有時還是會想念紙本日誌。

想要組織好自己的時間，無論是紙本或數位都是可行的方法，但如果你需要管理更大的團隊或與人遠端共事，我則會推薦前面提到的 Trello 或 Airtable 這類記事軟體（請參考第87頁）。

第二週：行動計畫

將「停止浪費時間」筆記本翻到新的一頁，寫上「明天的上部結構」做為標題，並參考第82頁首次練習的內容。這是一項需要不斷重複進行的練習，事實上，從現在開始，每天都要這麼做。

在這一頁中，為明天的行程編排一份待辦清單，可以用工作時段來劃分或按優先順序編號。你也能嘗試看看與之前相反的作法，看看哪一種最適合自己。最重要的是，要確保你能快速看到必須優先處理的重要任務，完成之後劃掉，然後才能繼續進行第二重要的工作，以此類推。運用你在本章中學到的各種技巧制定明天的行程，為每項任務分配好時間，也不要忘記留一個時段來實踐收件匣歸零術。

你也可以開始將這些內容放入軟體或應用程式中，但是不要為了尋找完美的軟體，而讓自己有了拖延的藉口。如果你還不知道要使用哪個軟體，現在就先用你的筆記本吧。但要是你真的想研究一下有哪些選項，就把這加到明天的待辦清單中，並將它安排在其他更優先的工作後面。

明天早上要做的第一件事，就是務必確認你的時間表。你可以在電腦螢幕，甚至是浴室鏡子上貼一張便籤，提醒你自己動工前要先看清單。

從現在開始，每天結束前都要預留一段時間，為明天的行程打造上部結構。

本章總結

你已經知道：

- 成功來自好的生產力系統。
- 每日待辦清單是停止浪費時間和結束拖延的關鍵。
- 依照優先順序來做事，最能大幅提升你的效率，並幫助你避免拖延。
- 電子郵件應該要先分類，而不是直接在收件匣內處理。
- 一心多用沒有好處，專注於單一任務會更有效率。

你已經學會：

- 建立每日待辦清單。
- 編排工作的優先順序。
- 集中精力，一次只做一件事。
- 認真使用待辦清單，把它當成你的主要生產力系統。
- 每天都讓收件匣歸零。
- 靈活運用待辦清單，不斷更新，隔天再繼續編排。

4

第三週

對付時間小偷

誰偷走了你的時間？

時間非常寶貴，甚至比金錢更為珍貴。假如你的錢花光了，永遠都還能再想辦法存錢、賺錢或借錢來渡過難關。但是如果你沒時間了，那就是真的沒了，你也就準備倒大楣了！因為你沒辦法賺到更多時間，也不能向別人借！即使是最有錢的人，在奄奄一息之際，也無法用所有的財富來多買一年的時間。從這個角度來看，時間是無價的。

但時間和金錢還是很相似，因為它們都是你需要好好保存的東西，只要一個不小心，就有可能從你身邊溜走。如同金錢會被小偷竊取，時間也會因為某些人事物而丟失，我稱之為「時間小偷」。我們一定要提防生活周遭的時間小偷，也就是那些會消耗寶貴時間的人或事，他們會阻止你去從事那些你想完成的「真」任務！以下是一些常見的時間小偷，接著我會幫你想辦法，讓這些小偷縮小，或者把他們完全驅逐出境。

其他人

我總會把一天的時間想像成我不得不花掉的二十四個金幣。我會非常小心地使用這些時間金幣，不讓任何人、雜事或是科技產品偷走它們，害我無法按照想要的方式來花費時間。讓我們先來看看有哪些行為會浪費你的時間，影響你的工作效率：

- 求助
- 社交和八卦
- 沒有明確目標且無重點的對話
- 會議
- 突如其來的來電
- 工作時間的私人電話
- 私人時間的工作電話

我們在工作和私生活中都會不斷與人互動，因此更要學會如何有效與人打交道，這會大幅影響我們的生產力。想想你每天與同事、下屬或主管交談多少次，每週又要參加多少會議，有多少時間被這些會議佔用。現在有許多辦公室開始接受「開放空間」的觀念，讓員工在公司的公共環境中工作，而不只是關在各自的辦公間或小隔板裡。雖然開放辦公室的理念是改善員工的合作關係，但研究顯示這種辦公室其實反而會降低效率。

與他人的互動佔據我們一整天大部份的時間，因此學習如何讓這些互動更有成效將是一個關鍵，讓你成功提高生產力，並專注於需要完成的任務。

媒體和科技產品

以前，我們只需要擔心電話或別人跑來打擾我們，但在過去幾十年裡，會中斷我們工作的東西已經越來越多了。除了電話和來訪者之外，我們現在還必須應對以下打擾：

- 各種軟體和程式

- 電子郵件
- 線上日曆
- 智慧型手機
- 社群網站
- 任務管理系統
- 團隊協作工具
- 簡訊
- 視訊通話

更糟的是，我們幾乎無時無刻都拿著智慧型手機，所以白天、晚上甚至半夜都還會接到電話、收到信件、看到社群網站更新、訊息或其他通知。除了朋友和家人希望我們可以立即付出關心，有時客戶和老闆也會認為我們應該全天候待命，接聽他們的電話、收信或回訊息，這導致我們甚至失去了完整的下班時間或是一天的假期。下班後聯繫的問題已經變得十分嚴重，以致法國和德國等國家已經正式立法，禁止雇主在工作以外的時間聯繫員工。這真是個好主意。

任務怪獸

「任務怪獸」會吃掉你為其他工作預留的時間。這種情況通常會發生在沒有明確交期的開放式專案，或是目標模糊的工作上，這些任務會不斷擴大，佔用你越來越多時間。以下是一些任務怪獸的例子：

- 研究新的培訓計畫（沒有確定的截止時間）
- 研究如何改善客戶關係
- 改進徵人流程
- 打掃家裡（一直在進行，從來沒有完成過）
- 改善社交生活

其中有些事情可能真的非常重要，但因為沒有確定的結束日期，也無法明確評估應該花多少時間，這些任務怪獸彷彿黑洞一般，把你的時間金幣都吸進了它們無盡的深淵，千萬別讓這種事發生。

搶回你的時間

為了幫助你把時間搶回來，我總結了一些技巧，專門來對付這些常見的時間小偷。這些技巧大多是應用在工作上，但只要經過一些修改，也能用在家務或是個人目標等私生活範疇。比方說，你當然不會叫孩子把他們的需求寫進電子郵件中，但你可以讓他們知道你正在忙，如果他們的需求不是那麼緊急，應該先暫緩一下，之後再說。

其他人

來自他人的打擾

在繁忙的辦公室環境中被打擾，聽起來雖然是生活中難以避免的常事，但確實有一些辦法可以大幅減少這些干擾。即使只降低百分之二十，也會對你的注意力和生產力產生巨大影響。以下是處理工作干擾的一些方法：

依照職級結構行事：請別人先向他們的直屬主管尋求幫助和指示，而不是跑來問你，除非你被指派要負責協助。

無干擾的非同步溝通模式：鼓勵大家使用電子郵件，或在任務管理程式中留言，藉此進行無干擾的溝通，而不是直接走到某個人的辦公桌前打斷他們工作。假設有人真的走到你的辦公桌旁，只為了跟你說他們訂購了你要求的軟體，這完全會破壞你的專注力，而你可能需要二十分鐘或更久時間，才能恢復到同等的專心程度。這類資訊真的不需要面對面報告，只要在工作清單或信件中簡單寫上「已訂購」就夠了。如此一來，你依然會接獲軟體訂購狀態的資訊，當你確認任務清單時就會收到消息，而不是在你預計需要深度專注的工作時段被打斷。

主管干擾：你的主管是否經常問你問題，或要求你回報工作進度，因而打斷了你？你可以自己建立一套方法，每天使用任務管理系統，或也可以舉行二十分鐘的快速會議來報告進度。我的團隊會在管理系統中，為每個任務寫上新的註解，這樣我就可以透過查看任務來了解他們目前的進度。而如果我希望下屬向我回報，也只需要在任務旁邊寫上要求更新的註解。如此一來，就沒有人會被與任務相關的問題或更新打斷。

安排協助他人的時段：如果有人需要你的指示，可以告訴他們你現在很忙，中午過後才能幫忙他們，並建議他們以後提早向你預約，看你何時有空協助，或者在你的一天和一週之中，安排一段特定時間，讓大家知道這段時間可以來尋求你的幫助。

工作期間的私人電話：建議大家在工作時間把私人電話轉入語音信箱，休息時間或午餐時段再查看，私人訊息也是如此。你可以告訴家人，除非是緊急情況，否則請他們不要在工作時間跟你聯絡，也要讓他們知道，只有在緊急情況下才能撥打你的公司電話，如果是非緊急聯繫，發送訊息到你的私人手機或留語音留言即可。

家中的干擾

當你試圖專注於想完成的事情時，家人是否經常跑來干擾？和家人談談吧，讓他們知道你得用這幾個小時專心處理工作或嗜好，請他們尊重你對這段時間的運用。你也可以去圖書館或咖啡廳來避免干擾。要是家人或朋友經常不請自來，提醒他們最好提前安排見面時間。如果他們依然如此，就拿起你的外套，說你正要外出參加一個重要會議，現在真的沒有時間，希望他們會明白你的意思。

工作中的社交

雖然社交活動對建立團隊情感很有幫助，但應該試著把這些活動轉移到非尖峰的工作或專注時段，像是在茶水間休息、午餐時段、工作上的社交場合，或者其他休息時間。如果某位健談的同事在你的工作時間跑來找你聊天，你可以用迫在眉睫的交期為由，提議等到一起吃午餐時再聊聊。

控制沒重點的對話

大家都很常在對話中東拉西扯，所以你要儘快把他們拉回正題。快速掌握要點，能幫助你提供他們所需的回覆，之後你就能回到自己的工作上。這種技巧可以應用於與客戶、供應商、同事和主管的對話，不要問「你今天好嗎」、「週末過得怎麼樣」，而是使用像是「我能幫什麼忙」、「這個專案你需要我負責哪些部份」，或者「我們接下來要做什麼」。

如果有人想提供你一些點子，就請他們用文字寫下來寄給你，要涵蓋三個關於這件事最好的點子，讓你有空時可以進一步研究。這能讓他們清楚表達自己的想法，將想法化為重點，並提供你一份簡潔的列表，而不是在一場開放式的對話中，漫無邊際地討論。

會議

開會真是辦公室環境中最浪費時間的一件事。以下是一些提高會議效率的建議，提供給會議發起人參考：

為每次會議設定目標。不要為了開會而開會，應該先有一個既定目標，明確知道你想在會議中解決什麼問題，否則就不應該開會。

會前一定要提供書面議程。為每項議程設定一個預估的討論時間，這樣大家就知道每件事該花多少時間討論，以及每個討論項目有多重要。

制定基本規範。基本規範包含會議的進行方式，以及大家應該怎麼配合。好的基本規範包括相互尊重、不要打斷對方、快速發表觀點、不要使用手機、按議程討論，以及準時。

準備會議記錄方案。可能包括會議錄音、錄影、會議筆記、心智圖或用手機拍下白板上的內容。會議中應該要有一個人專門負責進行會議記錄。

準時開始。就算有人還沒來，也一定要準時開始，這樣才能讓遲到者之後變得更守時。如果大家慣性遲到，就讓他們的主管知道這種行為是不可接受的，他們的遲到就是不尊重同事的時間。

事先提供所需的書面報告。這能讓大家不必在會議過程中閱讀報告，會議上只需要詢問大家是否有任何與報告相關的問題就好。

保持專注，讓大家聚焦。不要讓與會者討論議程以外的內容或跳過議程。如果會議開始失焦，就指出目前的主題應該是什麼，然後再回到話題上。遵守議程上每一個討論項目分配到的時間，這樣就不會進度落後。

務必簡潔。請大家清楚、快速地表達自己的觀點，說完後讓別人回應，不要讓大家東拉西扯。你可能會需要一個比較強勢的會議主持人。

行動計畫。在會議期間制定出行動計畫，大家就知道各自的任務是什麼，這樣才能達到會議的目的。確保所有參與的人，都有將會議上討論的工作加入他們的任務管理系統中。

不要問「還有其他事情嗎？」如果你問了這個問題，就等於推翻前面一切艱難的過程，包含擬好的議程。如果某些人真有重要的事情要拿出來討論，就應該要事前遞交內容來加入議程。而要是真的有人突然提出新主題，就告訴他們：你會考慮把它加入下一次會議的議程之中。

準時結束。在會議開始時，先設置一個計時器，確保大家遵守這個時間安排，這也是尊重每一個人的時間。

但是如果你不是會議發起人，而只是個與會者呢？其實你可以把這本書送給他們，並強調這一個小節，如果擔心反效果，可以匿名進行。如果你和會議發起人的關係很好，就給他們一些建議，還可以用以下方式來幫助會議舉辦得更好，並改善你在會議中的經驗：

- 提前詢問議程。
- 準備好討論主題。
- 讓自己的發言清晰簡潔，並遵循基本規範，無論其他人是否這樣做。

- 確保自己有準備好報告，並提前寄發給大家。
- 會議偏離主題時，溫和地指出。
- 為會議期間你負責的工作制定出任務清單。
- 專心，並聰明提問。
- 利用這次會議展現你的技能與價值，建立更好的工作關係。

媒體與科技產品

在史丹利盃決賽（Stanley Cup Finals）中，當明星球員在冰場上試圖把球送進球門時，有誰會突然接起自己的手機嗎？或者，在交響樂團演奏中，大提琴手會在舞臺上突然開始傳訊息嗎？當然不會。這些世界級的活動都需要最高等級的專注！

想像你正在進行一個非常困難的專案，你的大腦非常專注，並驚人地為你解決了許多最棘手的問題。你真的希望 Facebook 通知、簡訊或電子郵件打斷它嗎？你認為這些訊息有多重要，值得你中斷工作流程呢？

事實上，你根本無法在科技產品與媒體不斷干擾的情況下，持續進行高難度的工作和保持專注，沒有人辦得到。我們都希望手術醫生、核電站技術人員、重型設備操作人員全力以赴，也希望冰球選手、大提琴家和其他人專心演出。而你當然也該如此。如果要重新集中精力和時間，其中一件你所能做且最重要的事情就是：要更有策略地管理你的科技產品。以下方法可以控制媒體與科技產品干擾：

電子郵件：關掉信件通知，並養成每天定時收信的習慣，確認有沒有新消息。微軟的 Outlook 對這一點尤其不利，因為除非你將通知功能關掉，否則就算你已經關閉信箱，桌面還是會出現信件通知。當你在處理其他事情時，關閉你的電子郵件分頁或程式，這樣你就不會想花一秒鐘偷看新信件寫了什麼。

電話：我知道你工作的一部份可能就是接電話，但除非你在客服中心上班，否則一天之中，多少會有一些時間是你必須全神貫注而不被電話打擾。在這種情況下，可以將一小時之內的來電轉入語音信箱，等到你必須集中注意力的時間結束之後，再確認語音訊息。

瀏覽器分頁：我的學生都會給我看他們的螢幕畫面，這樣我就會知道他們在做些什麼，進而研擬出策略。而他們和我共享畫面時，我經常看到的一個情況就是，他們可能會一次打開十個甚至更多的瀏覽器分頁。雖然現在電腦的記憶體都很強大，開了這麼多分頁還能繼續運作，但這很容易分散注意力。只要開啟手上任務所需的頁面就好，其餘的都關掉，這能幫助你集中注意力。

社交媒體：Twitter、Facebook、YouTube、Instagram 和其他社群網站都會讓你知道朋友是否更新狀態，或有沒有人對你分享的內容發表評論。這些毫無間斷的通知就是一種持續干擾，會削弱你的注意力。如果這些更新只算是個人社交活動，那麼就在非工作時間打開這些網站並積極回應。但假如社群網站是你工作的一部份，例如你是社群小編，那麼就在一天中設定一個時段，專心閱讀並回覆所有的評論和貼文。

智慧型手機：智慧型手機已經不只是一支電話，而是形同一台輕便的電腦。有許多知名品牌的旗艦機甚至比筆電還要昂貴。因此，除了電話和簡訊，手機還能讓你收發信件和使用社群網站。而且，手機上安裝的每個應用程式，似乎都會自動認為只要更新就必須通知你一聲，因此，程式預設的所有通知功能都是開啟的。學習關閉手機上的通知，只保留真正需要的就好。手機會提醒我與他人有約，但不會讓我知道有新的信件、Facebook 訊息或任何其他內容。休息和午餐時間再去查看私人訊息和電話，而不是讓它們打斷你正在專注執行的任務。

許多人會不斷確認手機，幾乎已經像是上癮。只要過了十分鐘沒有查看，就擔心自己是不是錯過了某些重要的東西。此外，我們的朋友甚至客戶，還可能會期望能在幾分鐘之內就得到我們的回覆。在業務往來上，我有一個標準，那就是會在一個工作天之內回覆信件、電話和其他來訊，我讓客戶知道這項承諾，如此一來，他們就能預期自己何時會接獲回應。而我的家人和朋友則都清楚，我在工作時間不會回覆訊息或電話，因此他們就會預期午餐或晚上會得到回音。

務必要記得，這些科技產品是在為你服務，你不該受制於這些科技產品。掌控你擁有的媒體和科技裝置，唯有必要時才能讓這些科技產品打斷你，比如要提醒你赴約或接續執行新任務。

任務怪獸

前面提過，任務怪獸會嚴重消耗你的時間。這類開放任務會讓它們變得很危險。下列方法可以阻止任務怪獸吞噬其他的工作時間，讓這些任務聚焦，防止它們變得更加模糊不清。

確立目標。明確指出這項工作的目標，這樣就能制定計畫來完成它。

設定時間限制。確保主管們都知道他們希望你在這件工作上花多少時間。這是一件要花五小時、二十五小時，還是一百小時來處理的工作？我就曾經遇過這樣的狀況：我想讓一位遠端助理用幾小時來幫我查些資料，結果她持續每週花十小時的時間來單獨處理這項任務，因為我在指示中並沒有明確表達我想讓她花多少時間。一旦你知道主管們希望的工作時間，就可以依此進行規劃。

預留時段。每週安排一段時間進行較大的長期專案工作。在這個任務上充分利用時段，但不要太過鑽牛角尖，讓它佔用到額外的時間。

將任務分類。把一個較大的專案細分成數個較小的任務，並列成一份清單，依序完成每一項小任務。

制定自己的時間表。如果這個專案沒有一個停損點或結束期限，就制定出自己的時間表，這將有助於你完成專案，並徹底結束它。

你的大腦是最強的時間小偷

大腦是個神奇的工具。人們可以用大腦創作出交響樂、打造探索外太空的探測器、開創振奮人心的新業務，但也可以在 YouTube 上一次看好幾小時的貓咪趣味影片，毫無生產力。

我們該如何讓大腦專注於我們想要完成的創新事物，而不是把寶貴的時間金幣浪費在無腦媒體上，或讓我們成天無意義地瞎忙？先讓我們弄清楚為什麼大腦會偷走我們的時間，這樣就能開始把時間奪回來。

注意力分散，無法集中

我們的世界裡充滿許多「閃亮」的東西，不斷爭奪我們的注意力。包括：

媒體：書籍、電影、電視、電子書、線上影片、遊戲

他人：面對面聊天、線上論壇、社群網站、演說影片

世界大事：新聞、政治、危機、事故

有了網路，這一切都只需要一鍵點擊。只要簡單輸入任務資訊，就會跳出一大串相關的網站、文章和影片。但這些搜尋與相關網站也會向你展示各種廣告，它們都是根據你之前的搜尋紀錄而客製化的。因此，就算你本來正在尋找與任務有關的特定資訊，也可能因此在工作時間裡，看到各種與你興趣和嗜好相關的內容，令你大為分心。

假設我決定要寫一篇關於分心的文章，並在 Google 上搜尋「分心」這個詞彙，其中一則跳出的結果會是英國搖滾樂手保羅．麥卡尼（Paul McCartney）一首名為〈分心〉（Distractions）的歌曲影片。身為披頭四的粉絲，我當然很

感興趣，所以我一定會點擊這個影片，查看保羅・麥卡尼這首我之前沒聽過的歌。糟了，現在我完全沒辦法寫文章了。因為只要我點進 YouTube，它就會提供我更多其他與歌曲有關的影片，還有許多根據我以前的搜尋紀錄推薦的內容。

當這些「閃亮」的東西全都在分散著我們的注意力時，該如何訓練大腦集中呢？有兩個關鍵的方法，可以幫助你集中精神：

覺察自身有限的意志力與紀律。紀律是個聽起來很棒的理論，彷彿只要我們更加自律，所有的拖延問題都會迎刃而解。問題是，我們的意志力只有這麼一丁點能用來完成每天的任務，這是一種有限的資源。當你的意志力耗盡之後，大腦就會想休息，到處遊蕩一下。因此要認知到自己的意志力是有限的，這樣就可以把注意力集中在最困難和最重要的任務上，進而解決問題。就我個人來說，我專注力的巔峰是在早上做第一件事的時候。因此，我會把最困難的任務安排在早上，把我喜歡的低難度任務留在下午。如果我一早就先做我喜歡的簡單任務，那麼我就必須在精力不足的下午時段，花很大的力氣自律，才能完成困難的任務。

設定工作時段。我發現設定工作時段對集中注意力真的十分有幫助。如果我預留一段時間來寫這本書，我就只會在這段時間裡寫稿。只要你為某個專案、任務或目標預留半小時或一小時的集中時段，在這段時間中，就比較容易保持專注。

我當然也會瀏覽有趣的媒體內容，但觀看我最喜歡的節目或 YouTube 影片時，我也會設定好時段。而且，我當然也偶爾會看搞笑的貓咪影片！牠們真的太可愛了。

練習

分心日記

減少分心的一個好辦法，就是撰寫分心日記。將「停止浪費時間」筆記本翻到新的一頁，寫上「分心日記」做為標題，再填上今天的日期。你可以在任何時候使用這個頁面形式來練習，幫助你集中注意力並回到任務上。

把分心日記放在手邊，每一次你在預定時間之前中斷工作，就將它記下來，包含每一次你被打斷、瀏覽與任務無關的其他內容、讓你分心的手機通知等等。這個日誌將會讓你知道自己最大的分心來源，如此一來，你就能運用書中學到的技巧和策略來將它們縮到最小。只要書寫分心日記，就能幫助自己不要偏離任務，畢竟誰會想要被一大堆事情給分散注意力呢？

我輔導學生時，分心日記也能當作診斷工具。就像醫生會透過生命跡象來確定患者的整體健康狀況和問題，我會用學生的分心日記來確定究竟是什麼影響了他們的效率。你也可以這樣做。直接先從筆記本開始，之後如果你想用數位工具追蹤你的分心來源，也可以試試看 Toggl 或 RescueTime 等軟體。

擔憂

正如前面討論到的，許多人會消耗大量精力和時間在擔憂上。像是，**萬一我沒能及時完成呢？我有沒有做錯？**甚至，**要是今天有顆隕石撞上地球怎麼辦？**我們每個星期可能都有好幾百件事情要擔心，但你知道嗎？我們擔心的大多數事情根本不會成真。這是因為我們擔憂的方向，往往並沒有聚焦於當下或現實情況，而是投射到未來，我們假設了一些未來的情況，並讓自己為這些最壞的想像而煩惱。

像我的一位學生就非常憂愁，因為他最近必須向某位團隊成員攤牌，討論他低落的工作品質。他擔心這場討論會一發不可收拾，而且可能會造成衝突。我幫助這位學生找出與團隊談話的最佳方法，讓他知道如何解決問題，以及如何使用正確的語言來表達。我還讓他制定一套應急方案，以防雙方真的翻臉。下一次我見到他時，他告訴我會談進行得很順利，他的同仁也承認自己的工作表現一直在下滑，並保證未來會做得更好。也就是說，這種擔憂是浪費精力，而事先準備好應對最壞情況，就能減輕他對這場會談的擔憂。

為了讓你明白擔憂是多麼無意義，我想再請你試想一下：請回想一年前的今天。你是否還記得一年前的今天你在擔心什麼事？除非那天某個你心愛的人被送進醫院，或發生了其他的重大事件，否則你一年之後可能根本想不起自己的擔憂，當然，五年後你更不會記得今天在擔心些什麼。

一百年後，你所有的煩惱更是煙消雲散。時間久了，我們每天的擔憂其實都無關緊要。那麼為什麼你不在今天就讓它們消失呢？下一個練習會對你有所幫助。

如果你擔心的事情是要記住一項不在清單上的任務，那就建立一套方法，讓你可以在腦中跳出任務和想法時，隨時輕鬆地記錄下來。隨身攜帶一本簡單的筆記本就能解決這個問題，也可以在手機上做筆記或加入任務，讓瑣事從你的腦海中消失，進入一套可以處理它們的系統之中。

練習

煩惱日記

就像之前我們在練習中寫的分心日記一樣，現在將「停止浪費時間」筆記本翻到新的一頁，並寫上「煩惱日記」做為標題。

把筆記本放在手邊，記下你每次擔心的事情。比如說，你擔心財務問題嗎？或害怕自己無法如期完成任務？擔心別人對你的看法？可以用「我很擔心……」或是「我害怕……」等短句當作開頭，記下你花多少時間擔心這件事，並用一到五來評分自己的壓力指數，一為最低，五則為最高。

一個月之後，再回來看你的煩惱日記。瀏覽一下你在日記中列出的項目，並用螢光筆畫出那些最後根本沒有發生的事。你很快就會發現，幾乎所有的擔憂，大概百分之九十五，都只是在浪費注意力和精力，因為你擔心的絕大多數問題都沒有發生。

讓大腦休息

每週工作六十到八十小時或更久的人，並沒有意識到他們正在嚴重自我消耗。在職場上，這種工時確實不僅常見，甚至還會受到誇獎。很多人自豪地聲稱自己是個「工作狂」，還把這當成一件好事，但其實他們就像「酒鬼」一樣，非常需要戒斷以及一個十二步驟戒癮計畫。如果你屬於這一類人，我鼓勵你尋求幫助。多數人的工時就算沒有這麼長，仍然需要讓大腦好好休息一下。

要是你沒有定時休息，你的大腦就會決定自行放假，並棄你於不顧。也就是說，當你真正需要用腦的時候，它就不會靈光了。我們一天就只有這麼多的腦力和注意力。因此一天中要有短暫的休息，晚上和週末則要抽出時間讓自己充電，好讓你的頭腦保持清醒，這十分重要。就像是跑馬拉松，你不會在衝過終點線之後，又立即展開下一場同樣長度的比賽。你需要復原的時間。

以下的一些技巧幫助我在一天和一週中，讓腦袋擁有休息和恢復時間：

- 我使用計時器，每工作三十分鐘之後，就休息五分鐘。

- 完成每個專案或任務之後，我就會「重啟」自己，方法是關閉電腦上所有在上一個工作中開啟的視窗、瀏覽器分頁和應用程式。然後深吸一口氣，將注意力完全從舊的任務轉移到新工作上。
- 好好午休。午餐時間，我會快走二十分鐘，最好是在戶外。
- 準時下班。我晚上不會去思考工作，也不會把工作帶回家做。
- 我選擇從事與工作不同的休閒嗜好。因為我整天在電腦前工作，所以我的嗜好就包含了創作浮木藝術、玩飛盤高爾夫、觀星、演奏美洲原住民長笛、打羽球和健行。以上都是有趣又能讓身體活動的嗜好，完全讓我的大腦抽離工作，也能讓眼睛離開電腦，藉此獲得休息。
- **所有的**休假都要用掉。
- 我有幾天是「低科技日」，當天不使用電腦或網路。

以上這些方法都能讓我的頭腦煥然一新。等週末結束，或是第二個工作日開始時，我都能以極高的專注力和精力投入待辦事項中。花些時間來好好休息是必要的，這能讓我暫時脫離密集耗腦的工作狀態。

如果想將以上方法做些變化，可以試試看下列做法：

1. 使用計時器，工作三十分鐘，時間到就休息五分鐘。
2. 關閉電腦上所有不需要的程式和分頁，或收拾用不到的物品，在任務與任務之間自我「重啟」。
3. 午休時間去散步二十分鐘。
4. 下班時間就回家，晚上和週末不要工作。
5. 培養你感興趣的嗜好。
6. 事先安排假期並去度假，和伴侶約會或挑時間去「冒險」。
7. 將一週中的某一天設為低科技日。

根據調查，高達百分之五十的美國人沒有用完所有的休假。CNN的一篇報導也指出，光是二〇一七年，美國人就放棄了總計七億五百萬天的休假。千萬不要重蹈覆轍，善用你的假期創造出美好的經歷，打造一輩子的回憶，也能讓自己充電。

第三週：行動計畫

在第二週期間，你每天結束前都會打造隔天的上部結構，做得很好！要持續這樣做，可以寫在筆記本或應用程式及軟體中。記得靈活運用待辦清單，它需要你持續的關注。

到了第三週，你開始寫分心日記與煩惱日記，整週你持續使用這個方法，讓自己意識到哪些想法阻止你去做需要完成的事，接著就可以運用本章中的技巧來消除干擾。

執行待辦清單上的每一個工作項目時，你可使用計時器來確保自己每個任務都在分配的時間之內完成。要是你被打斷，就停止計時。這也是你撰寫分心日記的好時機，記下究竟是什麼打斷了你。當計時器停止，就在展開下一個任務之前，讓大腦短暫休息一下。

另外，也要運用本章的方法，把任務怪獸拆解成更小的細節任務來處理，你可以把這些細節一一排入你的待辦清單中，這樣它們就不會持續不斷地佔用你的時間。這週，也要確保你留下時間來玩耍或發揮創造力，這樣才能一步一步達成工作與個人的目標。

本章總結

你已經知道：

- 時間比金錢更珍貴。
- 一天裡有許多你需要消滅或減少的「時間小偷」。
- 擔憂只會消耗精力，沒有任何用處。
- 意志力和自制力都是有限的，必須有策略地使用。

你已經學會：

- 找出讓你分心的事物，以利減少它們。
- 記下你的煩惱，並學會如何放下。
- 利用你最有精神的時間，完成最重要和最困難的任務。
- 讓大腦休息一下，這樣面對需要完成的任務時，你才會更有精神。

5

第四週

專心致志

為什麼集中注意力這麼難？

我們很難集中注意力的原因之一，其實是生物演化使然。我們的大腦天生就能夠迅速轉移注意力，因為人類的祖先生活在十分危險的環境當中，必須不斷偵測周遭的威脅，才能生存得更久，並繁衍後代（也就是我們），而警覺力較低的祖先則存活得不夠久，導致沒有後代子孫。所以，某種程度來說，**不專心**的人才是大自然中的適者，而長時間專注於一件事的人，則因忽略周遭環境而被淘汰了。也就是說，我們之所以會持續偵測周遭環境，是因為我們天生如此，我們的祖先學會不斷評估生存環境，而我們也繼承了這一點。

快速又頻繁地轉移注意力，雖是人類祖先必備的強大能力，但到了現代，多數人並不會持續受到人身安全的威脅，這種能力也就沒那麼有幫助了。相反地，有許多工作都需要我們長時間持續專注。幸好，我們的祖先有時也需要集中注意力。想想看，他們必須悄悄跟蹤，並等待合適的時機攻擊獵物，這會需要多麼專注，又需要多少技巧。或者，他們用石頭製造工具時，也需要極度專心，一次只能削下一小片。因此，這種專注的能力也是我們大腦天生所有，雖然它不像轉移注意力和偵測環境那麼強大，或屬於生存必需，但這並不表示你沒有集中精神的能力。以下是一些運用大腦技能來提高注意力的方法。

再次強調：一次只做一件事

你的大腦非常強大。沒錯，你的大腦。我不是在泛指一般人腦，而是在說你的大腦，就是你頭殼裡的那一個。你可能會想：如果我的大腦這麼厲害，為什麼我還沒辦法把事情做好？為什麼我沒辦法在必要的時候專心呢？

我們難以集中注意力的其中一個原因，就是我們不肯讓大腦適當運作，導致大腦累癱了。我們沒有專注於手頭上的單一工作，反而一心多用，還被信件、電視、科技產品等各種干擾包圍，這些東西全都在爭奪著我們重要的心智能量。因為填塞了太多外來的工作和資訊，我們的大腦就像一隻被剪掉羽毛的鳥，無法順利飛行。一心多用會「削減」大腦專注於手頭任務的能力，使得大腦只能發揮出一小部份的潛能。

一心多用本身就是個迷思，這並非我們的大腦天生會做的事。「多工處理」是用來形容可以運作許多程式的電腦，而不是指人類工作的方式。電腦不會思考，也沒有雜念，還有多「大腦」核心，讓它們能一次進行多項工作。科學研究顯示：人類的大腦無法像多核心電腦那樣同時維繫多種運作。相反地，當我們一心多用時，我們只會在一件任務上短暫聚焦，然後馬上跳到下一項工作。因此，這根本不是真正的一心多用，而比較像是連續不斷地進行單項小任務。我們的大腦一次只能專注於一件事，當你試圖一心多用時，這些短暫的專注火力並不足以完成複雜的任務。

學習停止一心多用，快速聚焦於單一工作，給你的大腦一次翱翔的機會吧。以下是從一心多用轉換為專心致志的關鍵法則。

先計畫。讀到目前為止，你已經學會為接下來的一天制定行動計畫。我帶著你進行的這些練習可不是隨機挑選的。為隔天制定行動計畫，並依照優先順序排列任務，這讓你獲得了一份循序漸進的方案，你因而不需要再多花時間和精力去決定該做哪些事，畢竟你昨天已經計畫好今天該做什麼，可以專注於第一項任務。

減少分心。我們已經討論過常見的干擾以及減少它們的方法，你要確保自己每天都有運用這些技巧。在充滿干擾又繁忙的辦公室環境中，要是你有自己的辦公間，可以試著關上門，或是戴上耳機。另一個辦法則是設定一段「火力全開」的時段，一天一個小時就好，讓自己全神貫注，毫無雜念。如果你沒辦法在辦公室裡這樣做，也可以試著在咖啡店或圖書館實行這個「火力全開」時段，等你明白自己能在不間斷的一小時裡完成些什麼事，你會感到非常驚訝，只要你全神貫注就能辦到。

一次只做一件事。如果你已經制定出行動計畫，並盡可能減少干擾，就只需在時段之內，選出最為優先的任務來執行，直到工作完成再繼續下一件。

專注計時器

我工作的時候會設置專注計時器，它是個倒數計時的工具，能幫助你確保自己在一項任務或專案上花費了足夠的時間。我使用 Android 手機內建的計時器，你也可以下載類似的應用程式、搜尋計時器網站，或購買一個便宜的廚房計時器，這些都能使用。倒數計時器必須可以設定各種時間長度，並在時間到的時候發出鈴聲。

如同前面提到的，我會先工作三十分鐘，之後休息五分鐘。這是番茄工作法的變化方式（請參考第89頁）。以下則是我從一個專案或任務轉移到下一個工作之前的流程：

1. **關閉舊專案**。我會關閉所有與舊任務相關的程式、分頁、應用程式和信件等。
2. **選擇下一項優先進行的任務**。我會在我的行動計畫中，挑選下一件最優先的事項。
3. **深呼吸**。我會深呼吸三次，幫助自己集中注意力，放下舊專案，好為下一項任務做好準備。
4. **設置專注計時器**。我會把專注計時器設置為三十分鐘的倒數計時，然後點擊開始。

5. **專心工作**。整整三十分鐘內我都會全神貫注地工作。如果有任何事情打斷我，我就會先暫停計時器，回來時才會再次啟動它。如此一來，就能確保我用了整整三十分鐘執行這項工作或任務。

6. **任務完成**。如果還沒過完三十分鐘，我就已經完成了任務，那麼我就會接著進行第二優先的工作，以此類推。我經常會在三十分鐘內完成許多個任務。

7. **計時結束**。當鬧鐘響起時，我就關掉它，並在任務管理系統中寫上註解，說明目前的進度如何。這樣當我下次再回來處理這件事情時，我就知道該從哪裡開始。

8. **重複**。接著的下一個任務或時段，我會重複一遍以上過程。

組塊化工作（分批工作），並區分時段

將工作組塊化（chunk）會讓你的效率更高，讓我用以下的例子來說明。

想像你一下回覆信件，又去接個電話，再花五分鐘寫一下報告，然後再跳到另一封信件，不斷重複這個過程。這種分散和跳躍式的做法，讓你始終無法完全專注於任何一件事，而且如果你用這種方法寫報告，你永遠也寫不完。

相反地，組織好你的時間表，讓每種類型的任務都有「一塊」專屬的時間，並在此段期間內，你就只專心做那一項任務。也就是說，在上述舉例中，你可以先花三十分鐘來處理信件、三十分鐘做計畫，再花一小時寫文章，然後花半小時回電話，而不是在信件、電話和報告之間跳來跳去。

這種方法可以讓你工作時更加專心，特別是在規劃或寫作等較為消耗腦力的任務上。此外，將工作組塊化還能減少進入新任務所花的時間，例如，你本來就正在回覆信件，程式已經是開啟狀態，要回下一封信時就不必重新再開一次。或你也可能已經收到好幾封關於某一主題的信件，注意力已經集中在這個主題上，不必再重新投入一次等等。

每當展開一項新工作，我們都會需要一段時間才能完全投入其中，因為你必須思考執行方法、最好的完成方式等等。把這個過程想像成一座正要架設新產線的工廠。初次架設都需要花時間，但只要起始階段完成，工廠就能開始快速製造產品。同樣道理，在同一個時段內一次處理同類型的任務，效率也會比較高，因為整段工作過程只需一個起始階段。假如你手上同時有許多件類似的小任務要做，這個方法尤其有效。

以下是一些分類處理更容易完成的常見任務：

- 信件
- 電話
- 跑腿（可以省去多次外出時間）
- 委派
- 填寫資料
- 審核履歷
- 閱讀
- 規劃

- 培訓和學習

把這個概念再往前推進一步，設置出各類別的工作時段，並在同一時段之內，只執行同一類任務。我自己有以下時段：

- 行銷
- 產品開發
- 內容開發（如部落格文章、YouTube 影片、資訊圖表）
- 工作坊規劃
- 客戶專案
- 管理
- 個人發展，學習新技能並磨練現有能力

我將工作分成幾大類，確保自己每週都在每個類別上投入足夠的時間。比方說，我有位學生就被他的例行公事卡住，導致他沒有空進行產品研發，產品發表日期迫在眉睫，他的進度卻遠遠落後。

我於是幫他安排，早上的前兩小時只進行新產品研發，一天內剩餘的時間則可以執行其他工作。我請他在新產品研發時間不能受到打擾，要告訴他的同事每天上午十一點過後才能來跟他說話。而因為這段無干擾的時間專門用在產品研發上，他完全有能力在截止日期之前完工，此外，他還發現自己可以在預留的時間內，完成他所有的日常例行公事。他原本遭遇的困境，正是因為不懂得控制工作，沒有把每項任務限制在與重要性相應的時間之內，導致工作不斷蔓延，直到填滿了你所有的時間。

以上技巧還有另一個好處，那就是：當你每天區分不同時段來內處理不同類型任務時，比起一整天都只做同一件事，你的大腦會更加投入。這能幫助我們減少長時間專注做一件事時，經常出現的疲態。我並沒坐下來一口氣寫完這整本書，而是每天都留一段時間來寫作。如此一來，我就不會對寫書感到疲乏，並有更多時間進行研究，結合更多與客戶合作獲得的最新想法，並有時間讓我的腦袋慢慢思考，想出更多的點子納入書中。

冥想：呼吸覺察

當周遭的大小事都在爭奪著你的注意力時，該如何重新集中精神呢？只要靠一件簡單的技巧，就能學習專注，那就是呼吸。你上一次想起呼吸是什麼時候？除非你自己或至親之人有呼吸方面的問題，否則你可能永遠不會去思考這件事。但是等到真的沒辦法呼吸的時候，其他的一切就都不重要了。當我目睹父親因為長年肺氣腫而越來越衰弱，直到過世，便決心永遠不要把呼吸視為理所當然。

你有看過嬰兒睡覺嗎？健康的嬰兒吸氣時，肚子會膨脹起來，因為嬰兒用腹部呼吸。我們也該這麼做。然而，處於壓力往往會讓我們的呼吸變淺，開始用胸腔而不是腹部呼吸。用胸腔呼吸會導致頸部和肩膀肌肉必須更加費力工作，進而造成肩頸緊繃，最終干擾我們的專注力。

因此，要去覺察自己的呼吸，並記得用腹部而非胸腔吸吐，這將大幅改善你的專注力。每次我要上台演講之前，都會做幾次深呼吸，用腹部呼吸來幫助自己放鬆和清理我的心緒。每個任務之間我也會深呼吸三次，讓我能放下前一項工作內容，並專注進行下一個任務。

以下的冥想練習，能幫助你更加覺察自己的呼吸。腹式呼吸時肚子會膨脹，而不是把空氣吸進胸腔裡，你也可以在鏡子前練習。

1. 站起身，雙手輕鬆垂在身體兩側，姿勢要放鬆。
2. 用鼻子深深吸氣，慢慢數到四，並充分擴張腹部。試著不要去思考任何事，只專注於吸氣就好。
3. 嘴唇微開，用嘴巴吐氣，慢慢數到四。
4. 重複以上步驟十次，全神貫注於你的呼吸。

運用這個正念冥想來關注呼吸，讓你此刻完全專注於一件事情，也就是你的呼吸，並徹底放下其他讓你分心的事情。隨著練習完全專注，工作時就會更容易專心在單一任務上，而不會一心多用。

冥想：開放覺知

冥想有多種形式，包括正念冥想（mindful meditation）與開放覺知（open awareness）。不同於前面練習的正念冥想讓你專注呼吸，開放覺知是讓自己進入一種放鬆的覺知狀態，但並沒有特定關注某件事。就將它想像成坐在廣闊天空下的大草原，一切只屬於當下，周遭事物全都保持原貌，而你則用「廣角鏡頭」輕鬆地觀察著。

不要試圖判斷、思考或分析這段經驗，就讓一切發生，在你的意識中流動。這聽起來可能很矛盾，畢竟這一章都在解釋如何專心。然而，在冥想中放鬆心緒，能給予大腦放鬆和重啟的機會，進而幫助你接下來更加能夠集中注意力。首先，以下的練習可以讓你透過觀察天空的方式，簡單嘗試開放覺知冥想：

1. 出去找個不受打擾的地方，關掉手機上的通知，並將手機收起來。
2. 舒服地站著或坐著，先做幾次深呼吸，釋放緊繃的情緒，並讓頭腦冷靜下來，之後正常呼吸即可。不要判斷你的呼吸或身體感覺，就讓它們都保持原貌。

3. 用柔和的目光仰望廣闊的天空。此時你的思想就像天空一般，廣大而開闊。純然地觀察天空，不要聚焦於任何一部份，也不要為它貼上任何標籤，不要去評價它。換句話說，只要純粹地觀察就好。
4. 要是想法進入了你的腦海，就讓它們像雲朵一般飄走。如同此刻天空中的白雲，思想飄然而至，穿過你的意識，然後離開你的覺知範圍。更如同天空不會因為雲朵而有所變動，你的心靈也不需要因為思緒而有任何改變。
5. 讓聲音和景色包圍你，不要將注意力集中在任何一件事物上。繼續純然旁觀你的任何感受、想法和所見之物。
6. 大約十分鐘之後，做幾次深呼吸，然後著手繼續下一個工作。

你可以在任何地方練習開放覺知，不一定要在大片天空之下。只要讓自己變得更加開闊，覺察周遭環境與感覺，卻不進行任何思考或判斷，你就能淨化心靈，進而更充分專注在下一個任務上。開放覺知冥想也能讓你的思緒開始醞釀，將這種冥想練習想像成你大腦中的「重啟」按鈕，能清除所有混亂的心思，在你運轉的大腦中，騰出空間給專注力和高難度的思維。

身心連結

身體與心靈的連結對專注力有什麼樣的影響呢？比方說，你是否曾經在牙痛或劇烈頭痛的情況下工作？也可能你整晚沒睡，或是得了重感冒，卻不得不起床去上班？又比如，當你感到飢腸轆轆的時候，還能好好做完一件事嗎？在以上這些情況裡，集中注意力有多困難呢？你想必會回答：「超難！」畢竟注意力與身體的感覺和節奏密切相關，身體不舒服的時候，做什麼都不對。

疼痛、飢餓、疲勞和健康狀況都會影響我們深度專注的能力，因此，我們需要去解決身體上的問題，或採取一些辦法來避免問題發生。如果我們沒有深度專注的能力，當遇到更困難或複雜的任務時就會開始拖延，永遠只能去做些簡單的事。在以下這些會降低注意力的因素中，不管是發生任何一種情況，或是好幾種情況同時發生時，都可能會導致你開始拖延。

睡眠

說到我們的身心連結，就要先從睡眠說起。成年人每天至少需要睡七到九個小時，才能獲得充分休息。只要休息得不夠，大腦就無法好好發揮潛力。如果你晚上睡得很不好，以下建議可以幫助你：

早點睡，而且要關燈。人類的身體本就有白晝與黑夜兩種節律，前者就是我們白天活動的時間，而後者則是我們睡眠和休息的時候。但因為發明了電燈，我們比以前更晚睡了，而且經常不讓自己擁有足夠的休息時間。光線會觸發身體在深夜依然保持清醒，因此入夜後就要調暗燈光，並早點上床睡覺，可以的話，房間內最好使用遮光窗簾。**限制使用電子產品的時間**。電視、平板電腦和智慧型手機的螢幕都很亮，已有研究證明，它們的藍光會導致我們的睡眠週期失常。如果不想發生這種情況，那麼睡前的一或兩小時之內，都不要觀看或使用任何電子產品的螢幕，包含電視、電腦、平板電腦或手機。萬一迫不得已必須使用，也至少把螢幕的亮度調低一些，有些電腦和手機的應用程式可以在晚間自動讓螢幕變暗。我自己很喜歡睡前閱讀，所以我使用的是電子墨水的螢幕，就像 Kindle 那種。這類螢幕也有亮度調節功能，晚上看書時，我都會將亮度調低。

確認一下床墊和枕頭。你的床舒服嗎？枕頭睡起來如何呢？我驚訝地發現，雖然我們躺在床上的時間比較長，但大家通常更願意把錢拿去購買舒適的沙發，而不是好一點的床。我本身很節省，但卻很樂意把預算花在床墊、枕頭和棉被上，因為這些東西可以幫助我睡得更好。如果你的床墊或枕頭很不舒服，真的該考慮更換。

打造舒適的睡眠溫度。太冷或太熱時，幾乎不可能睡著。要是房間太熱，絕對值得花些錢在臥室安裝冷氣，如果很冷，那也該另外購買些更好的寢具、厚棉被或電熱毯，確保你備妥這些所需的用品，為自己打造出舒適的睡眠溫度。你也可以在不同天氣裡選擇合適的睡衣，至於性感睡衣就留到特殊場合再穿吧，睡覺要穿得舒適，不能讓自己感到束縛，而且也要適合當下的室溫。

睡前避免進食和飲酒。已有研究證明，大量酒精會對睡眠模式產生負面影響，而且還會讓你夜裡不停起床上廁所。太晚吃東西則會導致消化系統徹夜賣力工作，而你則會因此無法入睡。

如果以上的建議都無法幫助你獲得更好的睡眠，那麼也可以考慮諮詢睡眠門診，讓他們檢查看看是哪些臨床問題可能影響了你的睡眠。此外，你也可以向家庭醫生尋求建議。當你的休息品質更好時，專注力也就更可能提高。

飲食

食物就是我們的燃料！人類不僅需要充足的燃料，燃料的種類也必須合適，這樣才能讓大腦維持最大效能的運作。我們的大腦比其他器官消耗更多能量，事實上，它佔了人體總消耗能量的百分之二十。為了讓大腦有效運轉，我們需要好的燃料。但哪些燃料對大腦來說才是「好」的呢？我們又該如何確保自己吃到的是好食物？研究證明，下列食物對大腦功能很有幫助：

- 酪梨
- 藍莓
- 花椰菜
- 蛋
- 堅果和種籽
- 柳丁及其他富含維生素C的食物
- 南瓜
- 鱒魚和沙丁魚
- 薑黃
- 野生鮭魚

除了為大腦攝取營養，我們還需要小心避開某些食物帶來的負面影響。以下食物已被證明對大腦功能有害：

- 過量的酒精

- 阿斯巴甜
- 高度加工的食物
- 含糖飲料，如汽水、運動飲料、能量飲料和非天然果汁

至於咖啡因呢？研究顯示，從咖啡或茶飲中攝取適量的咖啡因是沒問題的，也確實能讓你精神一振。但如果你成天喝咖啡，超過了一天適度的攝取量，反而會讓你在下午的晚些時候開始精神不濟。我以前常常喝咖啡，很容易一下子喝掉一大壺。到了下午三點左右，我就會經歷一場壯觀的「咖啡因崩塌」（caffeine crash），徹底失去精力做任何事情。因此，現在我除了只在早上喝咖啡，還會限制自己只能喝兩杯。建議你儘量堅持每天只喝一到兩杯咖啡或茶，有些種類的咖啡含有更多咖啡因，可以檢查一下包裝上列出的咖啡因含量。

請注意，能量飲料的咖啡因含量是一般咖啡的八倍，光是一杯能量飲料，就有可能超過每日建議咖啡因攝取量。這些能量飲料可能很危險，導致焦慮、

頭痛、偏頭痛、失眠、高血壓和心臟病發作的機率增加。建議你最好不要喝能量飲料，如果你不得不喝的話，每天只能喝一杯。

運動

你的身體很需要活動！不能整天坐在電腦前面工作，或整晚坐在沙發上看電視。你早就知道了，對吧？但就算如此，在度過了漫長的一天，完成了待辦清單上的任務之後，你還是會很想跳過運動。我也曾經如此。

我以前經常和我哥還有幾個朋友約在當地的體育館，每週安排一個晚上一起打羽球。有時候，我會因為工作而身心俱疲，真的很不想去。但我又不願當個遜咖，讓朋友們失望，所以就會強迫自己去找他們。有幾個可靠的朋友真的大加分！而且只要一開始打球，我就會覺得十分享受，很慶幸自己有出門。運動過後雖然很疲憊，但身體卻感覺很好，而我的大腦也比運動之前更加清醒。

如果你需要一個好理由，讓自己不再拖延並開始運動，想想以下這些好處，它們都對你的大腦和專注能力有所幫助：

更多氧氣：運動過程中，你的心跳會加速，將更多氧氣輸送至大腦。氧氣對大腦的生長和癒合至關重要，尤其大腦的耗氧量是肌肉的三倍。當我看見父親因肺氣腫導致大腦缺氧，長年與癡呆症搏鬥，我才明白保持氧氣穩定流向大腦有多麼重要。

分泌激素與神經傳導物質：在運動過程中，身體會釋放激素，還有能促進大腦活動與改善情緒的神經傳導物質，這些化學物質能幫助大腦運作得更好。

提升記憶力：每週只需要一百二十分鐘的適量運動，就有助於提升記憶力。

讓大腦清醒：運動就是大腦的鬧鐘。因為身體大量活動時，大腦也必須活躍起來，才能處理這些額外的動作。這就是為什麼午餐時間散步，能讓你在下午時注意力比較集中。

若想要提高注意力，並讓身體感覺良好，就要在日常生活中安排一些運動時間，可以是晨練、午餐散步、夜間游泳，或是任何其他讓身體活動的方式，一天之中固定幾個時段起來拉拉筋，這也很有幫助。

如果你覺得自己沒辦法展開或保持一項運動習慣，你可以嘗試：

- 和朋友一起運動，互相督促
- 報名參加健身班
- 找私人教練
- 加入運動隊伍

剛展開一項新的運動計畫時，要多加小心，尤其你本來經常久坐不動的話，突然過度運動反而對身體有害。假如你有體重問題，或可能有某些健康疑慮會影響到你開始健身或從事運動，務必事先諮詢醫生。

練習

你現在感覺如何？

將「停止浪費時間」筆記本翻到新的一頁，並寫上「我的身體現在感覺如何？」做為標題。

接著，請你站起來，慢慢地、有意識地一一伸展你的兩隻手臂和雙腿，感受肌肉相互作用，以及每一次拉伸的感覺。在我請你伸展身體之前，你可能並沒有真正注意過自己的身體，但像這樣關注自己的身體其實是很重要的。

閉上眼睛，分別感受身體的每個部位。將注意力集中在其中一邊肩膀上，接著再往下到上手臂、前臂、手腕和手指，當你的意識來到這些部位時，就活動一下它們。然後，再將注意力轉移至另一隻手臂上，再來是腿部。之後沿著身體一路向上，來到脖子和頭部。注意力移動到哪裡，就活動哪一個部位。

最後，在筆記本上寫下你感受到的一切。你的身體感覺如何？如果感覺疼痛，是哪邊痛呢？你覺得飢餓，還是疲累？又有什麼樣的心情？這些都是身體與你分享的重要訊息，唯有當你滿足身體的需求時，你集中注意力的能力才會有所提升。

紅色警報

在《星際爭霸戰》（*Star Trek*）這類電影中，當艦長大喊：「紅色警報！」就表示情況緊急，必須呼叫全艦人員進入戰鬥位置，艦艇上到處都閃爍著紅燈，響亮的警報聲也隨之響起，好確保所有人都知道，現在有個大問題需要立即注意。

我們大多數人的口袋或包包裡，也都有小小的紅色警報裝置。當我們收到新的簡訊、電子郵件、社群網站更新和私訊時，智慧型手機就會不斷發出提示音。對，還真的有些人會把手機提示音設定成《星際爭霸戰》的警報聲。但這些事情真的屬於緊急事件嗎？我們是否需要放棄手頭上的所有工作，去確認這些訊息通知，進而導致分心？除非你是必須立即抵達現場的急診醫生或消防隊員，否則這些通知應該屬於最低優先順序，並不能算是緊急事件。那麼，我們要如何區隔重要與一般日常的通知呢？

調整信箱通知功能

面對事實吧，你絕大多數的電子郵件都沒那麼重要，無論是電子報、不重要的資訊、你朋友的部落格更新、笑話，甚至是客戶和其他人的問題，這些始終都不會是你應該最優先關注的緊急任務。

我完全關閉信件通知，不讓自己被提示音干擾，只會在安排好的時段裡，定期去查看信箱。我自己一天只看兩次，但也可能你會需要每小時看一次。關閉通知以後，我就不會在每次收到簡訊或垃圾郵件時，就被打斷一次。而由於我還是會定期檢查和回覆信件，每封來信都還是能在一個工作天內收到回音，也因此每位客戶都獲得了妥善的處理，他們甚至沒有發現我每天只在固定的時間收發信件。

所以，關掉你的信箱通知吧，預留一段時間來收信，然後依據需要對這些信件進行排序或回覆（請參考第94頁）。

調整日曆提醒功能

我認為日曆的提醒功能非常有用。我會為特定時段的事件設置提示，像是諮詢會面、看診預約以及我想參加的活動。由於這些事情都有不能更改的日期和時間，所以值得提醒。另外，我也會設定一個合理的提前通知時間，在活動發生之前就先提醒我，比如網路會議提前十分鐘通知，必須親赴的會議則在四十五分鐘之前提醒。

但我並不會為當天的每一個任務都設定提醒，因為要是那天我有十件事情要做，日曆上就會出現十個通知，這樣實在太過干擾。相反地，我只會每天確認任務清單，找出當天的所有任務並加以處理。

因此，建議你針對特定行程設定日曆提醒即可，其他任務就關閉通知吧。

調整其他軟體和平台的通知

那些製作軟體和應用程式的人，想必很希望使用者隨時隨地都在關注他們的程式，比如說 Facebook 和其他社群網站、天氣、遊戲等等，只要你沒有關閉提醒功能，這些軟體就會不斷發出大量通知。但其實這些都算不上是紅色警報，不值得你的注意力被打斷。你可以去找出關閉手機軟體通知的方法，並安排一個特定時段瀏覽 Facebook 或其他平台上有哪些新貼文。

關掉那些軟體和程式的提醒與通知吧，每天只要預留一段時間專門用來查看新消息，就能跟上社群正在發生的事。

第四週：行動計畫

就像你現在每天都會做的那樣，先在筆記本、應用程式或軟體上，建立好隔天的行程表，接著開始將任務分類，這樣就可以在同一個時段之內，專心執行同一類任務。既然你已經知道身體需求會影響專注力，就要保持最健康的狀態，因此，要把冥想、運動和補充適當營養都納入規劃之中。此外，也要盡力減少軟體通知造成的任何干擾。記住這些細節之後，你明天的待辦清單就可能會是這樣的：

規劃

- 關閉手機上的所有通知
- 關閉信箱提醒功能
- 設定日曆提醒，晚上八點之後不能再用電子產品
- 在一天開始或結束時，安排十分鐘的冥想
- 午休時間散步二十分鐘

- 心靈與身體
  - ．購買新床墊
  - ．評估現有寢具及睡衣是否舒適、保暖或涼爽
- 工作計畫
  - ．任務一
  - ．任務二
  - ．任務三
- 個人計畫
  - ．任務一
  - ．任務二
  - ．任務三

本章總結

你已經知道：

- 大腦無法讓我們一心多用。
- 一心多用會降低專注力，進而導致效率下降。
- 比起零散地處理任務，分時段與分批處理會更有效率。
- 身體狀態會影響大腦的專注力。
- 非必要的軟體通知就像虛假的紅色警報，會破壞我們的注意力。

你已經學會：

- 充足的睡眠、良好的飲食和適度的運動能提高專注力。
- 減少軟體通知的干擾。
- 一次只做一件事，能提高專注程度。
- 將相似的任務放在一起處理，能提升效率。
- 找出方法來符合身體的需求。

6

第五週

保持動力

你的動力來源是什麼？

我有許多學生剛開始都熱切地接受我教他們的新工具和技巧，但沒多久後，就開始糾結到底該如何長期保持下去。雖然他們都告訴我，這些新技巧大幅提升了他們完成工作的能力，但他們還是會慢慢重新掉入過去的習慣之中。所有嘗試減肥或戒菸的人，大概都能理解改變多年的習慣有多麼困難。

追求改變的第一步，就是要確定你想改變的原因。通常，你的動機會與希望達成的結果密切相關。問問你自己：**我想達成什麼樣的結果？**只要更加深入地連結起你想停止拖延的原因，就更能找到成功的動力。

假設你真的很想學吉他，卻又一直拖延不去上課，那就想想，你希望達成些什麼呢？你想寫歌、登台演出，還是演奏簡單的歌曲給孩子聽？在腦海中想像令你充滿熱誠的強大成果，你就會更有動力投注時間在任務上。接下來就事關安排固定時段上課、取得學習資源，並投入時間練習了。記得那句老諺語：「穩健紮實必致勝」（Slow and steady wins the race.）。若想學習新事物、完成工作或做出有意義的改變，祕訣就是投注時間。

持續自我激勵

在某些時刻，你可能會因為缺乏進展而感到沮喪和懈怠，導致你彈吉他、寫書、打掃車庫、完成報告或學習語言的夢想化為烏有。然而，只要牢牢記住成果，就能不斷提醒自己這些行動背後的原因。例如，你為什麼想打掃車庫？因為這樣你才能把車子停在裡面，而不會整個冬天都暴露大雪之中。想像下一場暴風雪來臨時，你的愛車安全地停放在整潔的車庫裡，這樣就能找到強大的動力來完成工作。

讀到這裡，你可能正一邊翻白眼，一邊想著：「對啊，這可能對嗜好或是家事有用吧，但我的問題在於，每次必須去做些無聊的事情時，我就會開始拖延，例如我的正職工作！」那麼，當面對無聊的任務或一份不熱衷的工作時，又該如何保持動力呢？以下有一些方法，就算眼前是無趣到令你崩潰的事情，你根本不想去做，也能維持動力：

記住你的「為什麼」。比方說，假設你對目前的正職工作沒有熱情，就去想想這份工作能讓你養活自己和家人，還能存到錢去從事你的嗜好，或是去旅遊。假如你沒有這份工作，也就不會擁有這一切。（請參考第60頁的練習）。

尋找小樂趣。從工作中找出一些你喜歡的細項，把它們先預留下來，等到你完成了那些無聊、沒動力的部份之後，再去做這些項目，當成給自己的獎勵。如果是家事的話，則可能是當你洗好一整個水槽的髒碗盤之後，就去聽你最喜歡的音樂。

設置獎勵方案，把任務遊戲化。如果你手上有個非常無聊的任務非完成不可，就想出一個屬於你自己的獎勵方案，把工作進度變成一個遊戲。遊戲可以很簡單，例如每完成一件事，就給自己一顆金色星星，或在完成整個任務之後，買一份小小的奢侈品或去做件稍微花錢的事情來犒賞自己。把工作想像成一場必須過關斬將的遊戲，收集越多金色星星越好，也可以把這些星星拿去換成給自己的實質獎品。

弄假直到成真。神奇的是，已有研究證明，用微笑來假裝快樂，確實會讓我們變得更快樂。不知道為什麼，我們能欺騙自己的身體和大腦去接受這個訊息，讓心情變得更好。同樣道理，假裝你很有動力，直到它真的成為工作過程的一部份。

把無聊的工作當成未來的敲門磚。如果不喜歡現在的工作，就把它當成職涯下一階段的敲門磚，現有的工作就是你成就與眾不同的過程，讓你往後可以「升級」。未來當你的職涯進步、責任增加，或許就正好能用上你在現有工作中磨練出來的技能。你也可以透過進修和網路課程，來轉換跑道至你更感興趣的工作。

任務價值反思

我們可以將任務的重要性與自身看重的價值聯想在一起，藉此激勵我們停止拖延。現在請想想看，有沒有哪一個長期的任務是對你來說很重要，但你卻一直在拖延的？將「停止浪費時間」筆記本翻到新的一頁，並寫下這項任務的名稱做為標題。接著在標題底下，一項一項列出這件任務與你看重的價值有哪些關聯。為什麼這很重要呢？因為所謂的價值，是你希望生活中持續存在的東西，而不僅僅是達成某一個目標後就結束了。你列出的任務可以是任何一件你持續拖延的事，以下有兩個例子讓你參考：

範例一

任務：展開健身計畫

價值：

- 會有精神。
- 有餘力照顧家人。
- 可以參與我喜歡的活動。
- 可以去健行，享受大自然的美好時光。
- 長期保持健康，就算老了也能保有活動力。

範例二

任務：每月兩百美金的固定儲蓄計畫

價值：

- 買日常用品時會因此節省。
- 存一筆應急用的儲備金。
- 預留資金用在假期和特別的體驗上。

現在你已經列出了自己持續拖延的任務，還有這項任務與價值之間的連結，接下來請確保自己儘早展開任務的第一步，每天也要為它預留出一段時間來執行。

將任務細分

有時候，我們可能會覺得任務或專案太龐大了，自己暫時還無法處理，於是就把它推遲到未來某個不確定的時間點，心想屆時一定會有更多時間來執行。比方說，假設你想到一個新產品的點子，但需要一百六十個小時來完成開發，每週花四十個小時的話，也要四週才能完成。問題是，你實在沒有這麼多額外的時間，畢竟你不可能忽略你的日常工作，心無旁騖地去開發這項產品，那可是整整一個月的時間呢。其實，若想完成這類大型專案，唯一的方法就是將它細分成你有餘裕去執行的許多小任務。你或許可以從以下幾項小任務著手：

1. 概念：寫下新產品的概念。
2. 市場研究：做一些前期研究，看看這項產品是否有市場。
3. 開發計畫：制定出能打造產品的開發計畫。
4. 行銷企劃：發想能推廣產品的行銷企劃。

讓我再舉一個例子，假設你想取得碩士學位，這是件值得去做的事，但要怎麼開始呢？取得碩士學位需要多年的努力。你可以先將任務細分，做出以下的任務著手清單：

1. 研究領域：調查看看哪些職業領域正在成長，並且可能在十年之內成為高薪熱門工作，這些領域也要與你的興趣和技能有關。

2. 選擇學位：找出合適的學位類型，在你所選擇的領域中，看看哪一種學位最有可能幫助你未來取得就業機會。

3. 選擇學校：研究各所學校，在你選擇的領域中，看看哪間學校的課程最好。

4. 學費補助：研究是否可能找到學費補助，像是學生貸款方案、獎學金和儲蓄專案。

5. 入學要求：你的條件是否符合入學資格呢？如果沒有，你也可以先去上一些相關課程，藉此補強你的申請條件。

正如你目前讀到的，這個專案本來龐大得令人生畏，可能會花上四到七年，但我們已經將它拆解成一些你今天或這週就可以著手進行的小任務。這種方法適用於任何大型專案，就連蓋房子這樣大的事，也可以從以下細項開始：

1. 研究附近的社區
2. 研究建商

3. 確認各項貸款和資金方案

4. 審核平面圖

如果你手頭上正好有個大專案，而你卻一直在拖延，現在就著手細分，將它分解成更小、更容易處理的任務，一次只處理一個項目就好。

每天做到一點點

你是否曾經在新年時下定決心要做出改變，但幾個月之後卻又放棄了？沒錯，我也是這樣。遠大的計畫看起來往往美好，但我們大多數的人通常都會以失敗收場。只要我們投入其中，我們**確實**有能力去完成一些事情，但大轉變也一定比小改變更難實現。

所以，比起一年一度的大計畫，你可以思考如何進行「一天一點」的小方案。假設你最希望的是能變得更健康，這雖然是一項艱鉅的任務，但有很多不同的方法可以完成。所謂的一天一點，就是今天只要完成一件與之前不同的事情就好，可能是午休時去散步，或者早起半小時，簡短地練習一下瑜伽。接著你可以把這項轉變延伸到隔天，以此類推。大概三週之內，這項新轉變就會一天一天地成為你的習慣。

而這整個大計畫的下一步，可能是要去健身房報名課程。報名完成後的隔天，你可以從行程表上挑出其中三天，這三天都要去健身房運動一至兩個小時。挑選完以後的隔天，你的目標就是一定要去健身房運動，以此類推。於是，你現在除了每天午休時散步，每週還會去健身房三次，這些都是你每天一點一滴累積出來的。

如果你能將這些小決定一一寫下來，就更有可能會去好好遵守它們，因此，把它們記下來吧，並在行程表或日曆上安排屬於它們的時段。你也可以在手機上設定通知，散步或健身時間之前，提示音就會響起，這是可以使用的「紅色警報」。

把你的小決定告訴別人也很有幫助，因為當周遭的人知道這件事，並願意支持我們的時候，我們就更有可能堅持到底。更何況，要是把新目標昭告天下，最後卻沒能堅持下去，我們多半會覺得自己有點蠢。因此，告訴別人之後，我們也會有一些額外的動力來堅持自己的決定（請參考第199頁的「來組隊吧！」小節）。

先進行最困難的任務

前面我們提過，人的意志力和紀律都是有極限的，因此必須謹慎運用。其中一個最好的用法，就是先去執行待辦清單上最困難的那件事，然後再去做其他事項。你可以設定計時器，讓自己用半小時或一個小時，全神貫注地完成困難的工作。像我自己，如果我知道今天只需要花這一小段時間，就能了結某項討人厭的任務，我就會感覺處理起來更輕鬆了。接著，你可以去做一件比較簡單也更愉快的工作，藉此犒賞自己，但**唯有**你把時間花在困難的任務上之後，才能使用這個獎勵。

這個方法也適用於任何大型且困難的專案。一天開始之際，用最前面的一兩小時來做這些事情，你一定會意外地發現，它們竟然變得如此容易。而當你每天都集中一小段時間來執行困難的任務，你最終也會發覺，即使是龐大又複雜的案子，也能更加快速地完成。

依照決定規劃行程

現在，我們已經決定好要「每天做到一點點」，還有「先完成最困難的任務」，接下來，就要圍繞著這兩個重點來安排一天的行程。除了要為最困難的工作預留第一個時段，其他重要任務也要好好安排。

無論是健身、學樂器、上課或是寫書，每週都要有特定的時間分配給這些任務。這些時間是很神聖的，千萬別讓工作、其他人或瑣事打斷了它們。要是在這段預定時間之內，有朋友想約你一起去做別的事，務必告訴他們你那幾個小時很忙，並告訴他們你哪些時間才有空。

如果你有些事情多年來一直想去做，卻又一直拖延，堅守以上這些時間安排，就能讓你實現它們。唯有全心投入時間，才能讓我們實踐自己的目標。

犒賞自己

正如前面提到，當我們覺得自己的努力獲得了回報時，也往往能因此做得更好。例如，工作表現優異時，老闆讚許地拍拍我們的背，或是幫我們加薪，又或者，我們終於把車庫裡的垃圾全部清空了，老婆或老公因此送了我們一份特別的小禮物。這些都很棒，但這些都是來自別人的鼓勵，我們通常無法控制。這時，建立一套自我犒賞的機制就十分有幫助。給自己的獎勵不一定要很昂貴，只要是某種感覺像是獎品的東西就可以了。以下有一些又便宜又簡單的好方法，能為自己創造獎勵：

小獎勵——日常任務回饋

劃掉待辦事項：有些人只要把完成的工作從待辦清單上劃掉，就會獲得巨大的滿足感。你也可以把這個過程放大，像是買一組很特別的尺和麥克筆，專門用來劃掉已完成的待辦事項，把任務從當日行程中驅逐出去，享受這種獨特的快樂。

金色星星：成功完成一項任務或耗費心力的工作時，可以給自己一顆金色星星。比如，只要你完全不間斷地工作整整三十分鐘，或埋頭進行重要任務而沒有分心時，都能送給自己一顆星星。這種方法對孩子們來說特別有用，尤其是累積星星能換得他們想要的玩具或參加某個活動，就會更有吸引力。

連續符號：為了確保自己每天都能寫出新笑點，美國脫口秀主持人傑瑞・史菲德（Jerry Seinfeld）在牆上貼了一張日曆，當天完成任務之後，他就會在格子裡畫上一個紅色大叉。他覺得這個過程很有幫助，越來越多的紅色叉號會激勵他每天堅持創作下去，如此一來，這一長串紅色記號就不會中斷。

你也可以像他一樣，只要當天做得不錯，就在日曆上畫個叉叉，藉此創造出一長串的連續符號，比如說，你依照優先順序來規劃好明天的待辦事項，或是今天早上有優先完成最困難的任務，都可以畫上一個紅色叉號。每天都有做到的話，就會產生一個自我激勵的習慣，你也會希望這串符號不要中斷，能夠繼續保持下去。

參加活動或購買小小奢侈品：達成當日目標之後，我們也可以花時間去做喜歡的活動，或購買小小的奢侈品來犒賞自己。就我個人而言，我可能會去射箭、買一塊新的高爾夫飛盤（這比傳統高爾夫球好玩多了，也很便宜），或者去買支新的刮鬍刷。你也可以把前面提到的金色星星機制與這些獎品結合起來，努力累積星星來換取獎勵。

大獎勵

累積：我們也可以送給自己一些額外的獎勵，強化整個犒賞機制，好讓我們更有動力維持日曆上的連續符號或不斷收集星星。比如，每累積三十天、六十天或九十天，你就能獲得一份特殊獎品。我有個認識的人就是這樣成功戒菸的。他只要一天不抽菸，就把本來拿去買菸的一塊錢美金存下來，準備買一台越野型沙灘車。當存款越來越多，他想像著與朋友一起開心地在樹林間騎車，也就越來越有動力繼續戒菸。

實現大目標：如果成功實現了一個大目標，我們也可以用大活動或大獎品來犒賞自己，獎勵的大小要與目標的重要性相互呼應。如果你只不過是完成了當天的某一項優先任務，就跑去買一台新車當獎勵，這樣就有些太誇張了。你可以設定一些有彈性的範圍，其中可能包含：

- 去你一直很想光顧的新餐廳，享用一頓美味的晚餐。
- 去上美術創作課程或攝影課。
- 買一副新耳機。
- 週末去小木屋度假。
- 去熱帶國家度假。

不用等著別人來鼓勵我們，我們自己就能建立一套合適的自我獎勵機制，並且運用這些獎勵推動自己完成任務，進而實現你的職涯和生涯目標。

問問自己「為什麼」？

正如前面提到的，「為什麼」是一個最值得自省的問題。我為什麼要這麼做？為什麼必須完成這項任務？為什麼這件事情要排在前面？「為什麼」能為你每天做的事賦予意義。當你明白某件任務為什麼重要，就會更有動力去完成它，因為你很清楚它與你看重的價值有哪些連結。就算是一整天裡最平凡的瑣事，只要認真加以思索，總會找到一些我們在乎的理由。

尋找日常啟發

我們絕非成天庸庸碌碌、毫無目標。比如說，我們工作是為了謀生，養活自己還有家人，因為我們重視家人的幸福和健康。做家事則是為了讓屋內保持良好狀態，因為我們喜歡乾淨整潔的生活空間。或者，你可能經常運動，因為你很重視健康，諸如此類。我們手頭上的工作或許令人麻木，但每天都還是要想著這些理由，用它們來啟發自己去面對眼前的任務。

你也可以從任務中找出一些與你價值觀相符的小細節，藉此讓自己持續受到啟發。像是，我很重視良好的客戶服務，即使我並不喜歡目前的職務，但上班時間只要有客戶來訪或致電，我就會精神百倍，因為我真的很喜歡幫助別人，這會讓我的一天顯得更有意義。也就是說，幫助顧客可以啟發我的一天。

如果是在私生活中，日常啟發或許就更加簡單了。比如你很重視舒適度，躺在剛洗乾淨的床單上，就會覺得很美妙。或者，你很重視健康，吃了一頓營養的晚餐之後，身體就覺得很好。也有可能你重視家人，而為他們演奏吉他時，看見他們的笑容就覺得心滿意足。

將「停止浪費時間」筆記本翻到新的一頁，寫上「我的日常啟發」做為標題。思考一下你每天必須完成的所有工作，尤其是那些你不一定喜歡的事。接著，再花些時間想想你為什麼要執行這些任務，以及它們和你的價值觀是否有關連。依照第185頁的練習，簡單列出重點。這兩個練習的不同之處在於，你現在著眼的是日常事項，而不是長期目標。

來組隊吧！

許多學生都覺得，當我和他們一起工作時，他們的效率會變得更高，我們每週的輔導課會引導他們為自己負起責任，幫助他們更加專注在目標上。但並非每個人都有餘裕聘請專業的時間管理教練。如果你正好沒有預算，但又很希望能有人能幫助你穩穩前進，那麼，你可以找個值得信賴的夥伴組隊，或許是一位朋友、同事、家人或任何其他人，你們可以對彼此負責，督促對方朝目標前進。

你與夥伴可以互相分享週計畫，並且每週安排一次對談，討論彼此有哪些進展。夥伴就像是你的啦啦隊長，會鼓勵你堅持下去，同樣道理，你也能鼓舞他們。正因為你知道自己每週都必須把努力成果回給夥伴，你就會更有動力完成任務。另外，如果其中一方半途卡關了，你們也可以集思廣益，提出新觀點，或找到新方式來幫彼此渡過難關。

如果你想直接請我幫忙，可以到「CaptainTime.com」，並點選「教練」選項。

計畫被打亂，也別慌了手腳

假設你現在正陷入一場「危機」，當天的安排全被打亂，電話響個不停，連信箱都被塞爆了，該怎麼辦呢？如果你只能不停地滅火，又該如何堅守當天的原訂計畫？除了後面將提到的建議之外，以下這三個步驟也能讓你快速回到正軌：

1. **不要自責**。既然事情已經發生，就去處理吧。計畫被打亂固然沮喪，但與其把精力浪費在低潮上，不如全心去解決問題。
2. **重新安排**。我們之前確實為各項任務安排了不同的優先順序，但現在一系列新事件出現，它們都必須被加進行程表中，因此確實應該要重新安排一番。我們可以快速評估新任務的優先順序，看看它們應該被放在哪一個時段。有些待辦清單的應用程式可以拖曳列表中的任務，方便你任意排列，這就是重組任務順序最快速的方法之一。有關排列任務順序的方式，可以參考第83頁的討論。

3. **設定更短的作業時段**。你之前可能設定每三十分鐘為一個作業時段，但現在你的當天計畫已經被打亂，能夠花在每項任務上的時間也減少了。因此，你可以把每項任務調整為十到十五分鐘。除了找出最為優先的任務，也要辨別出今天的哪一段流程最有可能受到阻礙，在處理最優先的工作之前，先把別人可以協助的部份委託出去，讓這些任務順利獲得應有的處理。你也可以把當天的所有任務想像成一座旋轉木馬，每項任務輪流進行，一次只花十五分鐘，直到你開始覺得自己進入狀況。但隔天記得要回到你平常設定的作業時段。

鎖定重點

你有沒有發現，每次要休假之前，你都能一下子完成許多事？這是因為，你暫時把日常瑣事放在一邊，只專注在休假前必須要完成的重點任務。同樣道理，如果計畫全被打亂，我們就必須先鎖定重點，暫時忽略例行公事。把注意力集中在最優先、最緊急的任務，確保這些任務都能完成或委託出去。但千萬不要把這種方法當成每天的工作節奏，因為假如你永遠不去執行那些大型或長期專案內含的瑣事，這些工作總有一天會回過頭來反咬你一口。

有彈性一些

我喜歡計畫，而且很討厭計畫被突發狀況打亂。不知為何，只要想到必須改變計畫，我心裡就是百般不願。所以，每當有事破壞我的原訂行程時，我就會試著只做一些微小的調整，不會重新制定一個完全符合突發狀況的全新計畫。在許多情況下，有所堅持固然很重要，但堅持與固執之間只有一線之隔。

仔細看看到底是什麼事情打亂了你的原訂計畫，思考看看究竟調整行程比較好，還是應該趕快安排一份新計畫？如果整體情況有重大變化，最好也要改變一下自己的觀點，因應最新情況來制定出一份新的行程，千萬不要用舊有思維來面對新事物。

請求幫助

將任務分門別類的過程中，我們可能會發現，有些任務無法在特定時間之內完成。如果發生這種情形，最好請別人幫忙。在職場上，可以提供協助的可能有主管、下屬、同事、導師、線上助理，或是接案工作者、網路社團和電話業務諮詢。至於生活中，可以向家人、朋友、技術人員或各式收費服務尋求協助。我們經常凡事都想自己來，不願意承認自己其實也需要幫助，但請人幫忙其實真的沒有什麼壞處。

在公司裡，如果有特殊情況，你的主管本就該提供協助。而除了主管和同事，如果你外包權限的話，也可以把部份工作交給接案業者或線上助理。當然，假如是想外包一些資料登錄、平面設計或公司機密相關的工作，還是需要取得上級許可。

網路搜尋資料這類的工作最適合外包。比如說，假設你手上本來有個任務，是要為公司的某個問題找到一套最適合的軟體，但現在卻必須去處理其他緊急事件，你就可以把這件事情外包出去，等到滅完火以後，再根據線上助理找到的軟體資料來向公司提出建議。聘請別人協助你完成最耗時的研究，自己只需要寫一份調查報告就好，這確實快多了。如果是這種情況，你甚至不必讓公司知道你有請人協助。真的有許多業界的成功人士會聘請線上助理來幫助他們完成各種瑣事，像是蒐集資料、安排個人排程，甚至是規劃旅行等等。

無論是在辦公室或日常生活中，如果遇到跟軟體有關的問題，都有可能會導致你當天無法照常工作，這時我通常會充分利用軟體本身的客服。畢竟，這些客服才是自家軟體的專業人員，幾分鐘之內就能告訴我一個解決方案，如果我自己花時間找，搞不好需要花上好幾個小時。除此之外，網路社團也十分有用，只要在社團裡發文詢問，通常能讓我在幾個小時之內收到很多解決辦法，最多也只要等個幾天而已。

第五週：行動計畫

如同之前我們做過的，先在你的筆記本、應用程式或軟體中，設定明天的時間表，接著，寫下每項任務的動機，這樣就會記住它們為什麼如此重要，不必每一件都寫，但只要你不確定自己為什麼要做那件事，就可以試著寫寫看，這能幫助你提醒自己。或至少可以思考一下明天的上部結構，用心為結構中的每一項任務找出「為什麼」。

當你著手安排明天的日程時，記得以下幾點：

- 先解決「最困難的任務」，確保自己在注意力最集中的時段處理這些事情。
- 將較大的專案細分為較小的類別和任務。
- 每天完成一個具體行動，一點點累積成大改變。

翻閱一下前面幾週的行動計畫，你現在應該已經有一套穩固的機制，能持續打造出隔天的上部結構。這個結構不僅十分適合你的做事步調，也對於你的當日生產力十分有幫助，你做得很好！

本章總結

你已經知道：

- 把任務與「為什麼」連結起來，就能維持動力。
- 如果任務太無聊，獎勵機制可以幫助你保持動力。
- 比起太過重大或足以改變人生的目標，短期目標更容易實踐，慢慢累積，最終也能帶來巨大的改變。

你已經學會：

- 先做最困難的任務。
- 找個值得信賴的夥伴組隊，幫助你投入目標之中。
- 就算計畫被打亂，也有辦法回到正軌。

7

邁向成功之路

恭喜你！

恭喜你！在我們互相陪伴的這五週之中，你已經有了很大的進步。我們一起探索了拖延症的根源，學會了許多技巧、策略與步驟，藉此停止浪費時間和開始行動。你已經掌握了終結拖延週期的必備技能。但根據我的經驗，許多人一開始都很成功，卻很難維持下去。現在，就讓我們來解決這個問題。

把這本書當成一份持續的指引，時不時就拿起來再次閱讀，用其中的技巧來重振自己，當你猶豫不決時，就能回到正軌上來。你也可以瀏覽我的官網「CaptainTime.com」，裡面有個部落格專欄，另外，我也有 YouTube 頻道，我時常會分享一些新技能和資源。除了重讀這本書，讓我們繼續探索其他點子，看看如何讓你持續保持成功。

找出你的最佳流程

每當有人問我究竟該遵循哪一套時間管理方案，我的回答都是：「沒有任何一套該遵守，也沒有任何一套不該遵守。」因為，不可能有任何一種方案能「統治」所有人，每個人適用的方法不同，每個人的工作方式也都不一樣。我和我的妻子就是使用不同的應用程式和方案，但我們的效率都非常高。而我們之所以運用不同的方式來工作，是因為我們兩個的學習方式不一樣。

我不會拘泥於單一方案，也不會照本宣科地遵循單一法則，而是會根據我所知的每套方法，「借用」其中最好的方針和策略。我建議你也可以採取同樣的做法，因為我認為，學習時間管理是不斷地探索、應用與調整，把所學應用於自身情況，而不是堅守某種單一方案。你可以充分地測試這本書中的技巧和策略，看看哪些能引起你的共鳴，哪些能在特定情況下發揮最佳作用，每天確實應用這些技巧，並加以延伸。

如果我推薦的其中一種技巧對你來說似乎沒什麼幫助，就回頭去看看這個技術要解決的究竟是什麼問題，你真的有這個問題嗎？如果沒有，那就表示你並不需要運用它，可以先擺在一邊，等你需要的時候再使用。如果你確實有這樣的問題，但是這個技巧卻無法解決它，那麼就可以加以修改，讓技巧因應你的需求，或者嘗試看看其他方法，直到找出最有效能解決問題的方案。你可能還會發現，書中有些方法你目前用不到，但是未來責任增加時，或者已經解決了一些簡單的拖延問題之後，可能就又會用上了。

調整與檢討

不斷重新檢視自己的效率方案，確保它能持續帶來幫助，這非常重要。你可自己回顧，或是找你的夥伴、教練一起進行。就算一切進行得非常順利，也千萬別太過得意，一定要時時確認，考慮以下的問題：

- 這是接下來最重要的待辦事項嗎？
- 有沒有更好的執行方法？
- 這件事可以用電腦處理嗎？
- 能不能這項任務委託給別人或外包出去？
- 這週我有沒有為生活和職涯目標分別預留時間？

有需要的時候，一定要尋求幫助，幫助你的人可能是你的下屬、主管、組隊夥伴、線上助理、接案業者、家人、朋友、收費服務，或是像我這樣的時間管理教練。

成為自己最好的盟友

請學會當自己最好的盟友，其實我們最困難的課題之一就是善待自己。如果我們內心的聲音不斷自我批評，摧毀了我們的自信，我們會很難取得成功。因此，每當你內心的批判之聲開始大放厥詞，一定要把它關上。以前我們可能花了很多時間和精力在擔憂與自我批評，現在，我們要把這些時間和心力都重新投入到解決問題、學習知識和自我提升上。

如果你真的沒有信心，可以考慮找個教練，或去參加一些建立自信的課程。找到信心以後，它就會反映在你的行為上，並且越來越鮮明，而你越是有自信，就越能取得成功，也能促使更多好事發生。像我自己，當我因為演講和教學獲得了信心，也就有越來越多人邀請我去他們的活動上演講，或為他們的團隊舉辦教學課程。現在我的狀態是，大家已經會定期邀請我或聯繫我，而我當然也比以前更容易獲得成功。

當我面對大型專案或繁重的工作，我相信自己有能力成功解決它們。我絲毫不會擔心眼前的任務，反而會像個急診室專業人員一樣，先將任務妥善分類、排好優先順序，確保重點任務首先得到處理。別搞錯了，還是有很多工作會讓我覺得很討厭或很無聊，但就算無法委託他人或外包，我也已經有一套方法來解決它們，而不會拖延。我已經在這本書中和你分享了許多這樣的策略。

別忘了生活

雖然我在本書中談到許多案例和技巧，能幫助你終結工作上的拖延症，但也千萬別忘記在生活給予自己一些溫柔、關愛和照顧。許多時候，我們的個人目標和夢想都遠比工作更為重要，但我們也經常總是把工作放在第一位，並因此不斷推遲我們的夢想。每週預留出一定的時間來實現個人目標，享受嗜好和熱情所在，讓這段時間不受到任何干擾，這才是好好愛自己，千萬別讓工作或其他人佔用了這段重要又神聖的時間。

為自己而努力

我們其實都沒有真正學會如何自我珍惜，因為我們總是被告知，關注自己是件自私的事，我們更應該關心家庭和別人。就算是工作上，考量自身需求也會讓我們害怕自己會不會太自私。但是，唯有先照顧好自己，我們才有精力、時間、技能和成就來幫助別人，無論是家人、同事、周遭的人或是工作。搞不好你還可以參加競選，去當個政治人物來幫助你的國家呢。萬一你真的選上了，或是哪天你功成名就，務必讓我知道這本書中的技巧是如何幫助你完成目標的。

終結拖延症的步驟清單

你可以使用以下清單，遵循其中的步驟，確保自己能夠停止浪費時間，並展開行動：

覺察（第一週）

- □當你開始拖延時，要有所意識，並加以留意。
- □運用向下追問法，找出每項任務拖延的根源。
- □用正面思考取代負面的想法。

上部結構（第二週）

- □建立任務清單，可以在紙本、軟體或應用程式上。
- □將任務分類，並安排優先順序。
- □使用收件匣歸零法。
- □不斷回頭確認，確保自己有依照優先順序來處理事情。

□ 為接下來的每一天打造上部結構。

時間小偷（第三週）

□ 揪出時間小偷，儘量減少干擾。

□ 安排時間讓大腦定期休息。

專注（第四週）

□ 一次只做一件事。

□ 盡可能減少紅色警報和通知。

□ 分批處理，並區分時段。

□ 練習冥想，變得更加專注，並開放覺知。

□ 建立良好的睡眠習慣。

□ 攝取富含營養的食物。

□ 定期健身和運動。

動機（第五週）

□將「為什麼」與任務互相連結。
□為日常任務找到動力。
□將大型或長期專案加以細分。
□制定計畫，每天做到一點點。
□投入時間在你做出的決定上。
□不斷問自己「為什麼」，藉此自省。
□找個可靠的夥伴組隊。
□找出方法，在突發狀況下也能好好把事情做完。

在你閱讀這本書**之前**，你可能會覺得，五週計畫實在太繁瑣了，可能永遠找不出時間嘗試吧，不如先把書本放一邊，下週有空再看？還是下個月？不如一年後等一切塵埃落定再拿起來讀也行？就算你讀完整本書沒有任何收穫，我希望你至少意識到一件事，那就是當你開始拖延某件很重要、或對你很有意義的任務，並把它推遲到某個不明確的未來時間點，你其實也是在低估你自己。因為在過去的幾週裡，你已經有所付出，並且努力嘗試要把事情做好。你試著找到最適合你的方法和策略，幫助自己克服拖延症，開始努力邁向你想要的人生。你的成功和實踐絕對不應該再被推遲，你現在就可以擁有它們——就從今天開始。

國家圖書館出版品預行編目資料

為什麼事情明明很多卻不想做？：每天20分鐘克服拖延症，從此天天睡滿8小時，工作再多也能從容做完 / 加蘭・庫爾森（Garland Coulson）著；劉佳澐 譯. -- 初版. -- 臺北市：商周出版：英屬蓋曼群島商家庭傳媒股份有限公司城邦分公司發行, 民110.1
譯自：STOP WASTING TIME
ISBN 978-986-477-969-7（平裝）
1. 時間管理　2.工作效率　3.成功法
494.01　109020223

為什麼事情明明很多卻不想做？

每天20分鐘克服拖延症，從此天天睡滿8小時，工作再多也能從容做完

原著書名 / STOP WASTING TIME
作者 / 加蘭・庫爾森（Garland Coulson）
譯者 / 劉佳澐
企劃選書 / 梁燕樵
責任編輯 / 梁燕樵

版權 / 黃淑敏、劉鎔慈
行銷業務 / 周佑潔、周丹蘋、黃崇華
總編輯 / 楊如玉
總經理 / 彭之琬
事業群總經理 / 黃淑貞
發行人 / 何飛鵬
法律顧問 / 元禾法律事務所　王子文律師
出版 / 商周出版
城邦文化事業股份有限公司
臺北市中山區民生東路二段141號9樓
電話：(02) 2500-7008 傳真：(02) 2500-7759
E-mail：bwp.service@cite.com.tw
Blog：http://bwp25007008.pixnet.net/blog
發行 / 英屬蓋曼群島商家庭傳媒股份有限公司城邦分公司
臺北市中山區民生東路二段141號2樓
書虫客服服務專線：(02) 2500-7718・(02) 2500-7719
24小時傳真服務：(02) 2500-1990・(02) 2500-1991
服務時間：週一至週五09:30-12:00・13:30-17:00
郵撥帳號：19863813　戶名：書虫股份有限公司
讀者服務信箱E-mail：service@readingclub.com.tw
歡迎光臨城邦讀書花園　網址：www.cite.com.tw
香港發行所 / 城邦（香港）出版集團有限公司
香港灣仔駱克道193號東超商業中心1樓
電話：(852) 2508-6231　傳真：(852) 2578-9337
E-mail：hkcite@biznetvigator.com
馬新發行所 / 城邦(馬新)出版集團 Cité (M) Sdn. Bhd.
41, Jalan Radin Anum, Bandar Baru Sri Petaling,
57000 Kuala Lumpur, Malaysia
電話：(603) 9057-8822　傳真：(603) 9057-6622
Email：cite@cite.com.my

封面設計 / 李東記
排版 / 新鑫電腦排版工作室
印刷 / 韋懋印刷事業有限公司
經銷商 / 聯合發行股份有限公司
電話：(02) 2917-8022　傳真：(02) 2911-0053
地址：新北市231新店區寶橋路235巷6弄6號2樓

■2021年（民110）1月初版1刷
定價 280 元

Printed in Taiwan
城邦讀書花園
www.cite.com.tw

ISBN　978-986-477-969-7

廣　告　回
北區郵政管理登記
台北廣字第000791
郵資已付，免貼郵

104台北市民生東路二段141號2樓

英屬蓋曼群島商家庭傳媒股份有限公司　城邦分公司

請沿虛線對摺，謝謝！

書號：BK5173　**書名：**為什麼事情明明很多卻不想做　**編碼：**

請於此處用膠水黏貼

商周出版

讀者回函卡

感謝您購買我們出版的書籍！請費心填寫此回函卡，我們將不定期寄上城邦集團最新的出版訊息。

不定期好禮相贈！
立即加入：商周出版
Facebook 粉絲團

姓名：________________________ 性別：☐男 ☐女

生日：西元__________年__________月__________日

地址：________________________________

聯絡電話：________________ 傳真：________________

E-mail ：

學歷：☐ 1. 小學 ☐ 2. 國中 ☐ 3. 高中 ☐ 4. 大學 ☐ 5. 研究所以上

職業：☐ 1. 學生 ☐ 2. 軍公教 ☐ 3. 服務 ☐ 4. 金融 ☐ 5. 製造 ☐ 6. 資訊
☐ 7. 傳播 ☐ 8. 自由業 ☐ 9. 農漁牧 ☐ 10. 家管 ☐ 11. 退休
☐ 12. 其他________________

您從何種方式得知本書消息？

☐ 1. 書店 ☐ 2. 網路 ☐ 3. 報紙 ☐ 4. 雜誌 ☐ 5. 廣播 ☐ 6. 電視
☐ 7. 親友推薦 ☐ 8. 其他________________

您通常以何種方式購書？

☐ 1. 書店 ☐ 2. 網路 ☐ 3. 傳真訂購 ☐ 4. 郵局劃撥 ☐ 5. 其他______

您喜歡閱讀那些類別的書籍？

☐ 1. 財經商業 ☐ 2. 自然科學 ☐ 3. 歷史 ☐ 4. 法律 ☐ 5. 文學
☐ 6. 休閒旅遊 ☐ 7. 小說 ☐ 8. 人物傳記 ☐ 9. 生活、勵志 ☐ 10. 其他

對我們的建議：________________________________

____

____

請於此處用膠水黏貼